# 深海生物最驚図鑑

永岡書店

JN242515

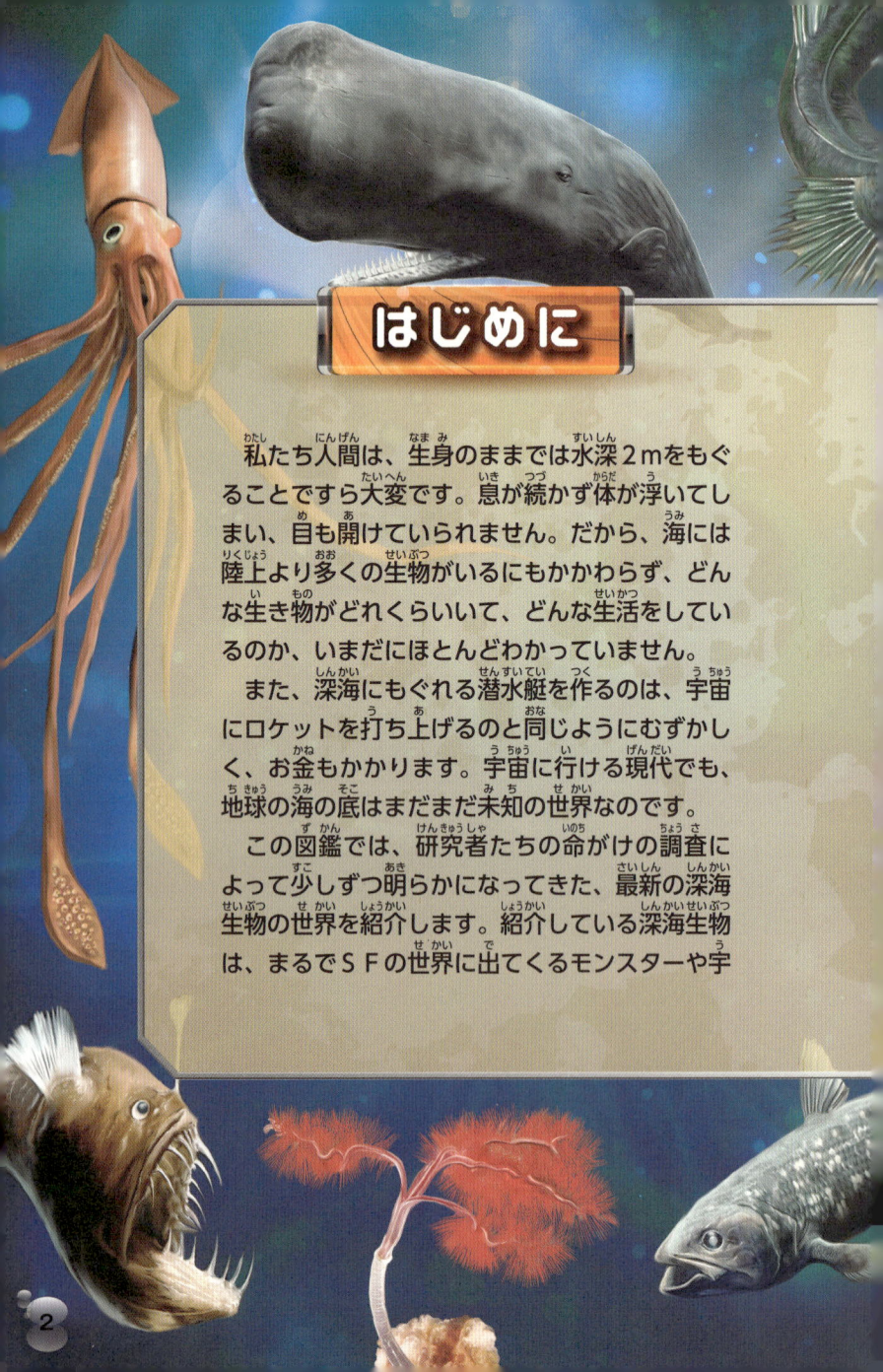

# はじめに

　私たち人間は、生身のままでは水深2mをもぐることですら大変です。息が続かず体が浮いてしまい、目も開けていられません。だから、海には陸上より多くの生物がいるにもかかわらず、どんな生き物がどれくらいいて、どんな生活をしているのか、いまだにほとんどわかっていません。

　また、深海にもぐれる潜水艇を作るのは、宇宙にロケットを打ち上げるのと同じようにむずかしく、お金もかかります。宇宙に行ける現代でも、地球の海の底はまだまだ未知の世界なのです。

　この図鑑では、研究者たちの命がけの調査によって少しずつ明らかになってきた、最新の深海生物の世界を紹介します。紹介している深海生物は、まるでSFの世界に出てくるモンスターや宇

　宙人のような見たことのないものばかりで、姿を見るだけでもとてもワクワクします。

　海の中では、最新の調査機器を使っても長時間ひとつの生物を観察し続けることはできません。ましてや深海生物は、生きている状態を見た人がほとんどいないものもいます。何を食べていて何年生きるのかなど、くわしい生態がわかっていないものや、正式な名前がついていないものもたくさんいます。今後、少しずつ生態が解明されることでしょうが、さらに調査が進めば新しい生物が続々と発見されることも期待できます。

　深海の生物たちは、ふしぎと魅力にあふれています！

**新宅広二**

# もくじ

## 1章 びっくり 巨大深海生物

## 2章 ピカピカ 発光深海生物

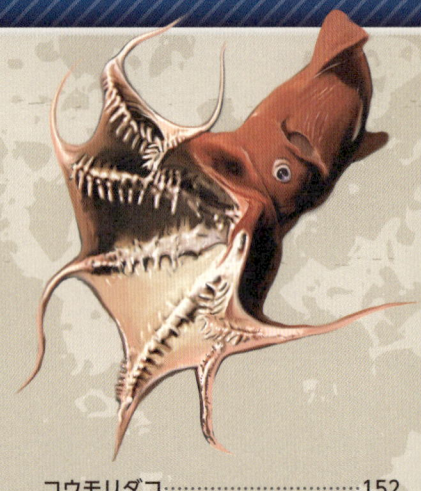

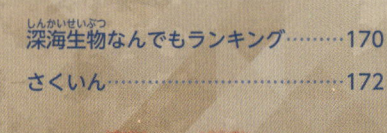

## 名前・分類
生物の名前と学名を掲載しています。分類については P172で紹介しています。

## 最驚ポイント
生物の体の部位や、驚くべき特ちょうを紹介しています。

## 深海生物データ
生物の凶暴度などを5段階で表しています。1が最低、5が最高です。移動力は、垂直・水平方向にどのくらい移動するかを目安で表します。

学名 | Physeter macrocephalus

### 潜水するダイオウイカの天敵
## マッコウクジラ

巨大度 ●●●●○　凶暴度 ●●　バビ度 ●●●○○　移動力 ●●●○○

脳から強力な音波を発し、ダイオウイカなどのえものを動けなくさせることもある。

筋肉 ｜ 全身の筋肉に、ミオグロビンという酸素をたくわえることのできるタンパク質をもち、1時間近くもぐることができる。

体重50tの大きな体は3分の1が頭部で、大きな脳と脳油が詰まっている。常に深海にいるわけではなく、ダイオウイカなどのえものを求めて深海にもぐる。潜水時間は1時間にもおよび、3000mまでもぐる。

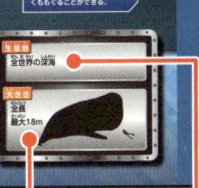

生息地 ｜ 全世界の深海

大きさ ｜ 全長　最大18m

頭には約25tで固まる脳油が詰まっている。深水の前は海水を鼻の穴に通して、脳油を冷やして固め、浮力が小さくなるようにしてもぐる。浮き上がるときは海水を吐き出して、快温で脳油を温めて液体にして、体を浮きやすくする。

0m
4000m
8000m

生息水深
0〜3000m

## 写真・イラスト
その生物の習性や特ちょうがよくわかる写真や、リアルなイラストを掲載しています。

## 生息地・生息水深
その生物がくらす場所や水深を表しています。

## 大きさ
人間の体や手とくらべて、生物の大きさを表しています。

15cm

1.5m

# 深海生物

深海生物のすがたや形、生き方には、ふしぎや謎がいっぱいあります。驚きの生態の理由を考えてみましょう！

**Q** どうして深海には巨大生物が多いの？

最大全長
# 18m

ダイオウイカ

**ダ** イオウグソクムシは、陸上のダンゴムシやフナムシの仲間ですが、全長がそれらの20倍以上もあります。大きな体のメリットのひとつは敵から「食べられにくい」ことです。ほとんどの生物は、自分より大きな生物との戦いをさけるからです。光るスミで注意をそらすなど、深海生物は敵に食べられないためにさまざまな工夫をしています。「巨大化」もその工夫のひとつと考えられています。

**!** 深海にはかくれる場所が少ないため、ひらきなおって大きな体になったのかもしれない。

1.5cm

40cm

ダンゴムシ（陸上の生物）

ダイオウグソクムシ

**!** 深海のウミグモは、浅い海のウミグモとくらべて体が大きい。

オオウミグモ

Q 深海生物はどうして
発光するの?

発光するワナ

オニアンコウ

## Ⓐ 狩り・連絡・防御、理由はさまざま

**深**海生物の発光で有名なのは、えものをおびきよせるチョウチンアンコウやその仲間です。シダアンコウは、狩りのために、えものをおびきよせる目的で顔の先にある発光器を光らせます。また、ハダカイワシのように、コミュニケーションのために発光をする深海生物もいます。頭部や尾を発光させて、集団のなかで連絡をとりあっていると考えられています。

狩り

**シダアンコウ**

連絡

**ハダカイワシ**

> 深海にわずかにとどく
> 太陽光でできる影を消す。

防御

**ふつうの魚を
下から見たとき**

**テンガンムネエソを
下から見たとき**

**一**部の深海生物は自分の身を守るために発光します。テンガンムネエソは、下からねらわれるのをふせぐために、体の下側を光らせて左の図のように自分の影を消します。また、ヒカリダンゴイカなど、光るスミをはいて敵を混乱させる種もいます。

## Q 変わった見た目の 生物が多いのは なぜ?

**体の横はばが**
# 薄い

テンガンムネエソ

**全** 身が真っ赤な生物は、人間とはかけはなれているため、変わった見た目だと感じます。ハッポウクラゲやカリフォルニアシラタマイカなど、真っ赤な深海生物が多いのはなぜでしょう。じつは、陸上では目立つ赤色が、深海では目立たない色になるからです。右の図は海中でそれぞれの色が吸収される深さを表したものです。暗い深海では目立たなくなる真っ赤な体は、敵に見つからず生きのびるための工夫のひとつなのです。

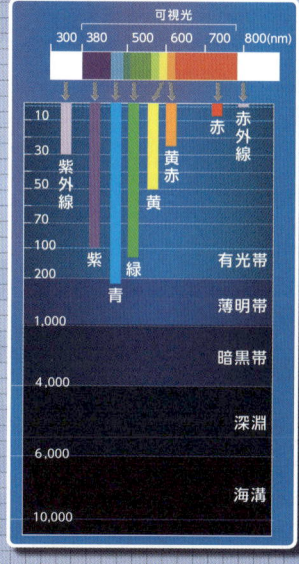

| 可視光 | | | | | |
|---|---|---|---|---|---|
| 300 | 380 | 500 | 600 | 700 | 800(nm) |

赤外線

紫外線

赤
黄赤
黄
紫 緑
青

有光帯

薄明帯

暗黒帯

深淵

海溝

10
30
50
70
100
200
1,000
4,000
6,000
10,000

赤外線や赤などの光の波長は海中に吸収されやすく、青や緑の光の波長は100〜200mまでとどく。

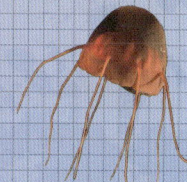

**ハッポウクラゲ**

**カリフォルニアシラタマイカ**

**色** 以外でも、体のパーツが不自然な、変わった見た目の深海生物がたくさんいます。丸い体と大きな目をもつギガントキプリスは、深海のわずかな光を集めるために目を進化させた結果、このような見た目になったと考えられています。長いキバをもつ恐い顔が特ちょうのオニキンメは、生物数が少ない深海で、やっとであったえものを逃がさないために長いキバをもっています。深海生物のちょっと変わった見た目は、どれも深海で生きぬくための工夫なのです。

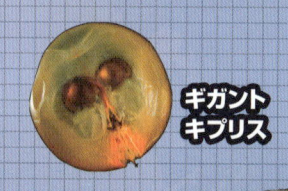

**ギガントキプリス**

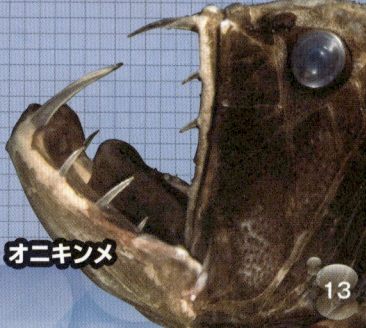

**オニキンメ**

**Q** 深海生物はどんな
場所に大量発生

するの?

深海生物が
数万匹

熱 水や水がふきだす場所を「熱水噴出域」「湧水域」とよびますが、海底にもこうした場所がたくさんあり、そのまわりでは深海生物が大量発生しています。多く見られるのは貝・エビの仲間や、ガラパゴスハオリムシなどのハオリムシの仲間です。これらの生物は、熱水噴出域で増えたたくさんのバクテリアや古細菌を食べるために集まっています。また、大量発生した生物をねらってより大きなカニ・タコ・魚が集まることもあります。

**ブラックスモーカー**

**噴出孔**

**マグマ**

**ガラパゴス
ハオリムシ**

❗ マグマで熱せられた200〜400℃の熱水がふきでる「ブラックスモーカー」には、たくさんの硫化物が含まれる。人間には毒だが、それを目当てに集まる深海生物がたくさんいる。

※ふつうの水の沸点は100℃ですが、多くの塩分や金属成分がとけこみ、大きな圧力をうけた深海の水は、地上ではありえない温度になります。

**バレンクラゲ**

深 海には「群体」をつくるものもいます。バレンクラゲは見た目は1匹の生物ですが、じつはたくさんの個虫が集まってこの姿になっています。それぞれの個虫は「泳ぐ」「繁殖する」「えものをとらえる」などの役割をもっていて、一体となって生活しています。「1匹に見えてじつは大群」という変わった生物もいるのです。

**Q** 深海にはふしぎな
生物しかいないの?

全身が
**透明な**
タコ

スカシダコ

深海生物には、ふしぎな生態をもつものがいます。オオタルマワシはそのひとつで、サルパという生物の中身だけを食べて、外側を「透明なタル」として利用します。なんと、オオタルマワシはタルの中で子育てをしたり、狩りをするときに防具として使ったりするのです。未知の世界が広がる深海には、さらなる驚きの生態をもつふしぎな生物がいる可能性もあります。

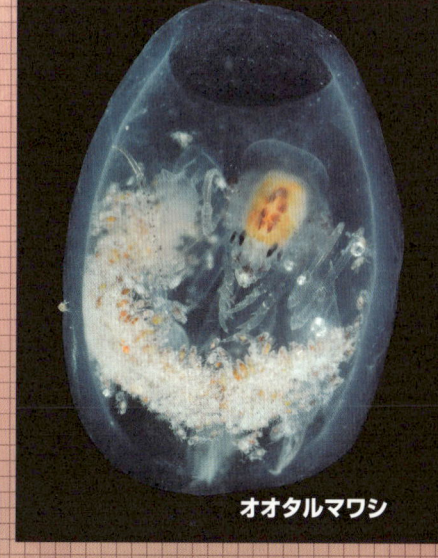

オオタルマワシ

キンメダイ

ホタルイカ

深海生物はふしぎな姿や生態とともに紹介されることが多いため、「深海生物＝ふしぎな生物」だと思っている人も多いです。しかし、深海には、食卓でも見かけるキンメダイやホタルイカのように、浅い海の生物とそんなに変わらないものもたくさんいます。深海には驚くべき特ちょうをもつふしぎな生物がいる一方で、多くのふつうの生物も暮らしているのです。

# 深海と浅海のちがい

## 深海は暗くて冷たい過酷な環境

水深200mからはじまる深海の特ちょうのひとつは、暗いことだ。太陽光が届く量は水深100mで海面の100分の1ほどで、200mをこえると人間の目では感知できない。深海には、そのわずかな光を見のがさないように目をとても大きく発達させた生物もいるし、光に頼るのをあきらめて、目を退化させてしまった生物もいる。

もうひとつの深海の特ちょうは、水圧がとても高いことだ。深くもぐればもぐるほど、生物の体は海水の重さによって水圧を受ける。もしも人間が生身で深海に行ったら、水圧であっというまに体がつぶれてしまうだろう。深海の中でも特に深いところでくらす生物は、水圧にたえられる特殊なタンパク質や脂肪を体にそなえている。

深海にふしぎな生物が多いのは、浅海とはちがう過酷な環境で生きのびるために、さまざまな進化をとげた結果なのだ。

▲水中では、あらゆる角度から水圧を受ける。

水深200m

◀わずかに太陽光が届く水深200m付近に生息するサメハダホウズキイカ。P11のテンガンムネエソのように、発光して自分の影をかくす。

**明るさ**
海面のおよそ1万分の1

**圧力**
海面のおよそ20倍

**明るさ**
海面のおよそ100兆分の1

**圧力**
海面のおよそ100倍

▶水深1000m付近に生息するメンダコ。深海生物は筋肉がきゃしゃなものも多い。

水深1000m

# びっくり

# 巨大 きょだい

## 深海生物 しんかいせいぶつ

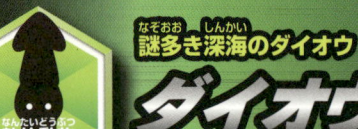

謎多き深海のダイオウ

# ダイオウイカ

学名 | *Architeuthis dux*

**目**
人間の目のようにレンズと網膜があり、感度がよい。わずかな光でも感じとれる。

**口**
上下2枚のあご板があり、くちばしのようになっていて、えものをかみ切る。

**触腕**
吸ばんが密集している。えものをとらえるときには触腕を長くのばし、吸ばんを食いこませる。

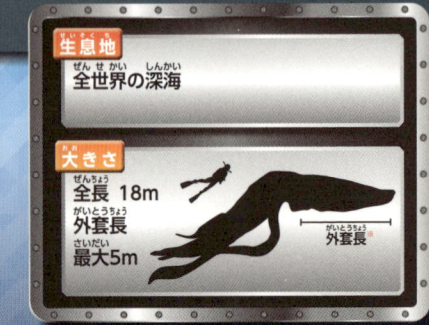

**生息地**
全世界の深海

**大きさ**
全長　18m
外套長
最大5m
外套長

世界最大級の深海生物で、目の直径は30㎝もあり、全ての生物の中でも最大級である。2012年に小笠原の水深630mを泳ぐ姿が23分間にわたり撮影され、話題となった。

※外套長＝目のある頭部と腕をのぞいた胴体部分の長さ

2015年2月、富山県富山市で生きたままつかまえられた全長4mのダイオウイカ。

0m

4000m

8000m

生息水深
数百〜
1000m

軟体動物

攻撃力の高い巨大イカ

学名 | Mesonychoteuthis hamiltoni

# ダイオウホウズキイカ

| 巨大度 | 凶暴度 | レア度 | 移動力 |
|---|---|---|---|

0m

4000m

8000m

**目**
直径約30㎝の目は極度の遠視で、遠くのマッコウクジラや大型のサメを見つけやすくなっている。

**触腕**
カミソリのようにするどいかぎづめのある吸ばんがならぶ。そのかぎづめでえものをとらえたり、敵から身を守る。

**体**
体は植物のホオズキのように、ややふくらんだ形をしている。

生息水深
約2000m

はじめて発見されたのはマッコウクジラの胃の中からで、生きている姿は観察されていない。体重は最大500kgになるという。触腕には直径2.5㎝の吸ばんがならび、その一部はするどいかぎづめになっている。

**生息地**
南極海

**大きさ**
全長　4〜5メートル
外套長　約2.5m

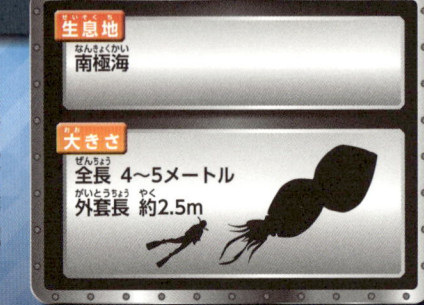

体の何倍も長さがあるうで

# ミズヒキイカ

学名 | *Magnapinna pacifica*

巨大度 ●●○ 　凶暴度 ●●○ 　レア度 ●●●●○ 　移動力 ●●○

0m

4000m

8000m

**触腕**
自分の外套長の10倍の長さがある。この腕にえものをくっつけてとらえるらしい。

**生息水深**
2000〜
5000m

**生息地**
太平洋、インド洋

**大きさ**
全長　7m
外套長　約60㎝

大きなひれが目立つが、すごいのはその腕の長さだ。映像の記録があるだけで、生体をつかまえて研究されたことはなく、生態や吸ばんの形などのくわしい情報はない。

# 「赤い悪魔」の異名をもつ
# アメリカオオアカイカ

学名 | *Dosidicus gigas*

**体色**
体が赤いのでアカイカと呼ばれているが、「色素胞」という細胞を大きくしたり縮めたりして、体色を白に変えることもある。

**腕やひれ**
ひれや腕の一部の色を変えることができ、敵を威嚇したり、仲間とのコミュニケーションをとる手段にしている。

攻撃性が高く、メキシコでは「赤い悪魔」と呼ばれているほど、気性が荒い。そんな悪魔も食用にされている。スルメイカの漁と同じように、集魚灯で集めたところをとらえられて、イカの珍味の原料とされている。

**生息地**
太平洋東部

**大きさ**
全長 4m
外套長 1〜2m

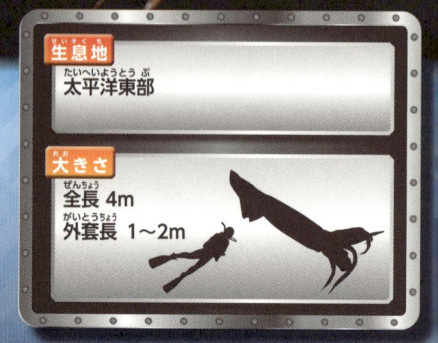

0m

4000m

8000m

生息水深
200〜
1200m

大きな個体では全長が4mをこえ
る。イカ類を捕食し、時にはダイ
バーをおそうこともある。

潜水するダイオウイカの天敵

# マッコウクジラ

学名 | Physeter macrocephalus

**額**
額から強力な音波を発し、ダイオウイカなどのえものを動けなくさせることもある。

**筋肉**
全身の筋肉に、ミオグロビンという酸素をたくわえることのできるタンパク質をもち、1時間近くももぐることができる。

体重50tの大きな体は3分の1が頭部で、大きな脳と脳油が詰まっている。常に深海にいるわけではなく、ダイオウイカなどのえものを求めて深海にもぐる。潜水時間は1時間にもおよび、3000mまでもぐる。

**生息地**
全世界の深海

**大きさ**
全長
最大18m

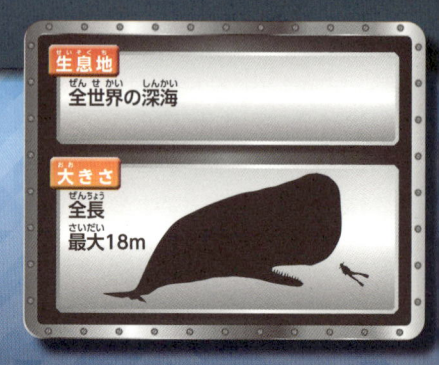

0m

4000m

8000m

生息水深
0〜
3000m

頭には約25℃で固まる脳油が詰まっている。潜水の前は海水を鼻の穴に通して、脳油を冷やして固まらせ、体が浮かないようにしてもぐる。浮き上がるときは海水を吐き出し、体温で脳油を温めて液体にして、体を浮きやすくする。

深く長く!!
深海へももぐるクジラ

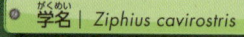
学名｜Ziphius cavirostris

# アカボウクジラ

| 巨大度 ●●●○○ | 凶暴度 ●●●○○ | レア度 ●●●●○ | 移動力 ●●●●○ |

0m

4000m

8000m

**背びれ**
体の前から3分の2
のところに位置する。

**歯**
成熟したオスは、
下あごに1対のとがっ
た歯をもつ。メスは歯
をもたない。

**体**
体色は灰色や茶色、黄土色、
白とさまざまなものがいる。成長
すると白くなる。

生息水深
0〜
3000m

最大潜水深度は2992m、潜水時間
は138分という報告がある。歳をと
ると体が白くなる。体表に引っかき
傷や円形の傷がついていることが多
く、深海で大型のイカやサメなどと
戦ってできたものと思われる。

| 生息地 | |
|---|---|
| 全世界の深海 | |

**大きさ**
全長
最大　約7m

ゆっくりと泳ぐのろまザメ

# ニシオンデンザメ

学名 | *Somniosus microcephalus*

| 巨大度 | ●●●●● |
| 凶暴度 | ●●● |
| レア度 | ●●●● |
| 移動力 | ● |

**尾びれ**
左右に1往復ふるのに7秒もかかることがある。

0m

4000m

8000m

**生息水深**
200〜600m

**生息地**
大西洋北部〜北極海

**大きさ**
全長 最大7.3m

深海と表層で水温の温度差が少ない冷たい海（水温0.6〜12℃）にくらしている。水中を移動する速度は、平均時速1.2kmほどでとてもおそいが、アザラシや海鳥をおそって食べることもある。

魚類（ぎょるい）

口（くち）は大（おお）きいが食（た）べるものは小（ちい）さい

# メガマウスザメ

学名（がくめい） | *Megachasma pelagios*

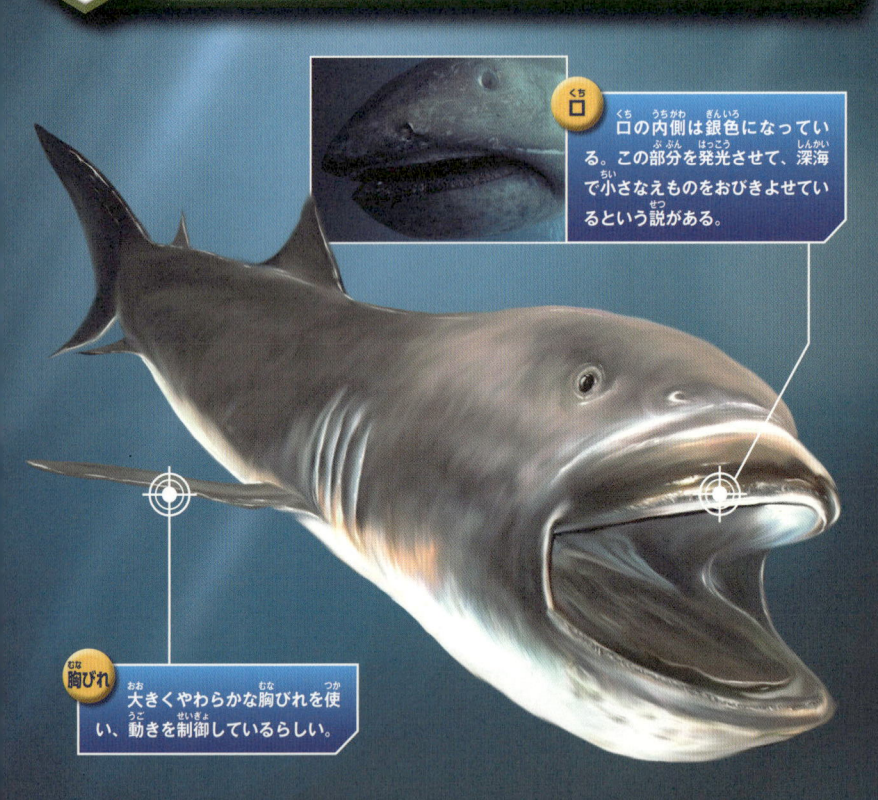

**口（くち）**
口（くち）の内側（うちがわ）は銀色（ぎんいろ）になっている。この部分（ぶぶん）を発光（はっこう）させて、深海（しんかい）で小（ちい）さなえものをおびきよせているという説（せつ）がある。

**胸（むな）びれ**
大（おお）きくやわらかな胸（むな）びれを使（つか）い、動（うご）きを制御（せいぎょ）しているらしい。

1976年（ねん）にハワイのオアフ島沖（とうおき）で捕獲（ほかく）されてから、現在（げんざい）までに約（やく）60匹（ぴき）しか見（み）つかっていないめずらしいサメ。その中（なか）の3分（ぶん）の1が日本近海（にほんきんかい）から見（み）つかっている。大（おお）きな口（くち）で小（ちい）さなプランクトンを食（た）べている。

**生息地（せいそくち）**
太平洋（たいへいよう）、日本近海（にほんきんかい）

**大（おお）きさ**
全長（ぜんちょう） 5〜6m

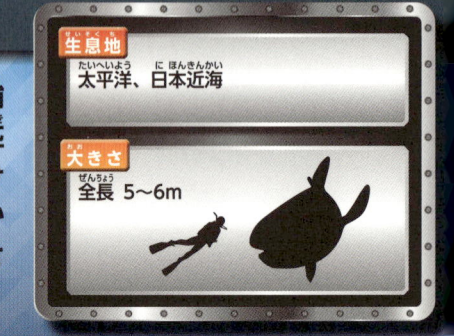

30

昼間は水深200m付近にいるが、夜はプランクトンを食べるために水深20m前後の浅いところへ上がってくる。

0m

4000m

8000m

生息水深
200m付近

なんでも食べる!! 貪欲ザメ

# カグラザメ

学名 | *Hexanchus griseus*

魚類

巨大度 ●●●○○  凶暴度 ●●●○○  レア度 ●●○○○  移動力 ●●●●●

0m

4000m

8000m

**背びれ**
体の尾びれ近くに1基しかない。

**えら孔**
サメの仲間はふつう5対のえら孔をもつが、カグラザメは6対と、1対多い。

**歯**
1億8千万年ほど前の原始的なサメと同じ、のこぎり状の歯をもつ。

生息水深
0〜
2500m

ニシオンデンザメ(→P.29)とはちがい、優れた遊泳力をもち、夜間、魚類やイカなどを求めて深海から浅い海まで移動する。確実にえものをとらえられるよう、両あごにはさまざまな形のするどい歯がならぶ。

**生息地**
全世界の深海

**大きさ**
全長 3〜5m

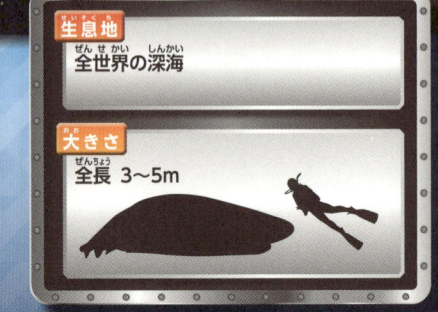

食べるとおいしい巨大アンコウ

# ニシアンコウ

学名 | *Lophius piscatorius*

| 巨大度 ●●●● | 凶暴度 ●●● | レア度 ●●● | 移動力 ● |

0m

4000m

8000m

体 体表はヌルヌルとした粘液でおおわれていて、近寄ってくるえもののの出す波を感じることができる。

ふだんは海底でじっとして砂にかくれている。

生息水深
20〜1000m

生息地
ヨーロッパ近海(地中海、黒海など)

大きさ
全長 最大2m

最大で全長2m、重さは60kg近くに達する巨大なアンコウ。砂の中で目立たないようにかくれながらえものを待ちかまえ、大きな口でとらえる。見た目はこわい魚だが、食用としても利用される。

深海からやってきた謎の使者

# リュウグウノツカイ

学名 | *Regalecus russelii*

**腹びれ**
長くのびた腹びれの先端は、小魚などのえものを見つけるための大事な感覚器官になっている。

**上あご**
えものを食べるときには、とても長く突き出すことができる。

銀色の体の頭部から、まるで赤い髪の毛のような長い背びれがのびている。人前に姿を現すことは少なく、謎が多い魚だ。日本の伝説にある人魚の正体は、このリュウグウノツカイではないかと言われている。

**生息地**
全世界の深海

**大きさ**
全長 5〜8m

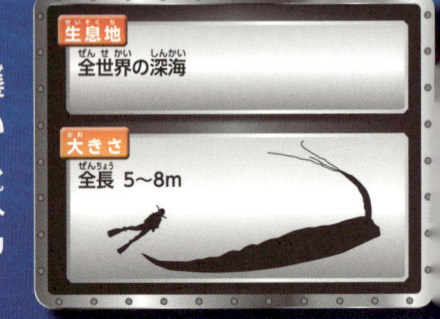

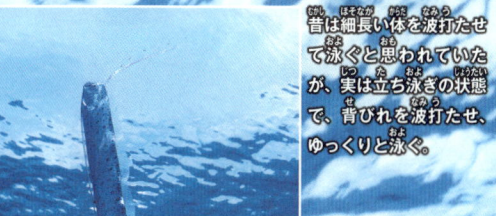

昔は細長い体を波打たせて泳ぐと思われていたが、実は立ち泳ぎの状態で、背びれを波打たせ、ゆっくりと泳ぐ。

0m

4000m

**背びれ**
長い体にそって長く続く。

8000m

生息水深（せいそくすいしん）

200〜
1000m

魚類（ぎょるい）

巨大（きょだい）な怪物（かいぶつ）カレイ

# オヒョウ

学名（がくめい）｜ Hippoglossus stenolepis

巨大度（きょだいど） ●●●○○
凶暴度（きょうぼうど） ○○○
レア度（ど） ○
移動力（いどうりょく） ○○

0m

大人（おとな）の身長（しんちょう）ほどの大（おお）きさのオヒョウ。

**身（み）**
白身（しろみ）で脂肪（しぼう）が少（すく）ないので、フライやステーキにするとおいしい。また、寿司（すし）ネタの「えんがわ」は本来（ほんらい）はヒラメだが、オヒョウが使（つか）われることもある。

4000m

8000m

**生息水深（せいそくすいしん）**
0〜1200m

**目（め）**
カレイの仲間（なかま）なので、目（め）は体（からだ）の右側（みぎがわ）にある。（ヒラメ類（るい）は左側（ひだりがわ））

体重（たいじゅう）は363kgという記録（きろく）があるほどの大（おお）きなカレイで、ヒラメ・カレイ類（るい）では最大（さいだい）。砂（すな）や泥（どろ）のなかにすみ、大（おお）きな口（くち）とするどい歯（は）で、タラ類（るい）、サケ・マス類（るい）、ニシンなどの魚（さかな）をとらえて食（た）べる。

**生息地（せいそくち）**
太平洋北部（たいへいようほくぶ）

**大（おお）きさ**
全長（ぜんちょう）
約（やく）3m

棘皮動物（きょくひどうぶつ）

ウルトラサイズのウニのなかま

# ウルトラブンブク

学名（がくめい） | *Linopneustes murrayi*

巨大度（きょだいど）●●●●○ 凶暴度（きょうぼうど）○ レア度（れあど）○ 移動力（いどうりょく）○

**とげ**
体（からだ）の下側（したがわ）にあるとげを利用（りよう）して、すばやく移動（いどう）することができる。このとげを使（つか）い、岩（いわ）に登（のぼ）る姿（すがた）も観察（かんさつ）されている。

0m

4000m

8000m

**とげ**
生（は）えている部位（ぶい）により形（かた）や大（おお）きさが異（こと）なる。

生息水深（せいそくすいしん）
**560〜1615m**

**生息地（いきち）**
太平洋西部（たいへいようせいぶ）

**大（おお）きさ**
全長（ぜんちょう） 20cm

ブンブクはウニの仲間（なかま）で、多（おお）くの種（しゅ）は砂（すな）の中（なか）にもぐって生活（せいかつ）をしている。しかし、このウルトラブンブクは砂（すな）にもぐることなく、海底（かいてい）の表面（ひょうめん）を群（む）れで歩（ある）きまわる。ウニの仲間（なかま）だが食用（しょくよう）にはならない。

節足動物

世界最大の節足動物

# タカアシガニ

学名 | *Macrocheira kaempferi*

**甲ら**
洋梨のような形で、表面にはイボ状の突起がたくさんある。

**はさみ**
水族館での観察では、はさみを使って糸状の長いフンを切り落とす姿が見られた。メス（左）のはさみは短く、オス（右）は長い。

オスでは、はさみのあるあしを広げると3mを超える、世界最大のカニ。メスの体はオスより小さいので、オスはメスの体を囲い、しばらくはそのままの状態で暮らし、その間に何度か繁殖行動をする。

**生息地**
日本近海、台湾近海

**大きさ**
全長 3m

38

0m

4000m

8000m

生息水深
50〜
300m

とても長いあしを10本ももつため、脱皮するのになんと6時間以上かかる。

39

竜宮城の乙姫の帯（りゅうぐうじょうのおとひめのおび）

# オビクラゲ

学名 | *Cestum veneris*

巨大度 ●● 凶暴度 ● レア度 ●● 移動力 ●

0m

胃（い）
体の中央に見える、白くなっているところが胃。

胃の中央から飛び出しているのが口。触手で動物プランクトンをとらえ、体のみぞを通して口に運ぶ。

口（くち）
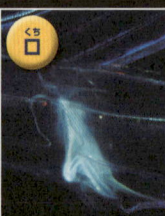

4000m

8000m

体（からだ）
全身透明だが、両端に黄色または紫色の斑点がある個体もいる。

生息水深（せいそくすいしん）
0〜300m

櫛板（しっぱん）

長く平たい体は透明な帯のようなので、「ビーナスの帯」とも呼ばれる。体のふちには「櫛板」という透明の小さな板がならび、これを細かく動かして泳ぐほか、帯状の体をくねらせて泳ぐこともできる。

生息地（せいそくち）
熱帯〜亜熱帯地域の深海

大きさ（おおきさ）
全長 最大2m

えものはまとめてまる飲み

**学名** | *Deepstaria enigmatica*

# ディープスタリアクラゲ

巨大度 ●●●○

凶暴度 ●○

レア度 ●●○

移動力 ●○

0m

**体** 傘を動かす筋肉はないため、海流にのってただよっているようだ。

4000m

8000m

**傘** 網目のようなもようは「水管」という管で、大きな体の全体に酸素や栄養を運んでいる。

**生息水深** 600〜1750m

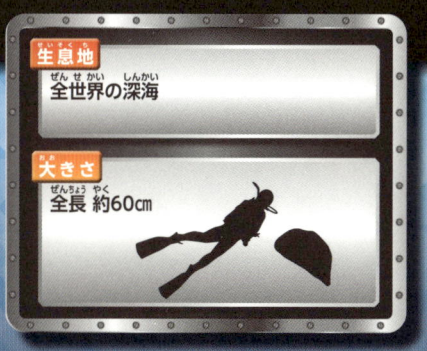

**生息地** 全世界の深海

**大きさ** 全長 約60cm

透明でうすい傘をもつ巨大なクラゲだ。傘には複雑な網目があり、その中に胃や口がある。傘をビニール袋のように広げ、魚などのえものをひとまとめに閉じこめて食べてしまうと言われている。

刺胞動物（しほうどうぶつ）

ジャンボサイズの幽霊（ゆうれい）クラゲ

# キタユウレイクラゲ

学名（がくめい）｜ *Cyanea capillata*

巨大度（きょだいど） ●● 凶暴度（きょうぼうど） ●● レア度（ど） ● 移動力（いどうりょく） ●

0m

ほかのクラゲや魚を触手（しょくしゅ）でとらえて食（た）べる。

触手（しょくしゅ）
とても強（つよ）い毒（どく）をもち、人間（にんげん）でも刺（さ）されるととても痛（いた）い。

4000m

8000m

生息水深（せいそくすいしん）
0〜
1000m

たくさんの長（なが）い毛（け）のような触手（しょくしゅ）をもち、英語（えいご）では「ライオンのたてがみクラゲ」と呼（よ）ばれる。北極海（ほっきょくかい）などでも同種（どうしゅ）と思（おも）われるクラゲが発見（はっけん）されていて、触手（しょくしゅ）をのばすと全長（ぜんちょう）30mを超（こ）えるという驚（おどろ）きの大（おお）きさだ。

生息地（せいそくち）
日本近海（にほんきんかい）

大（おお）きさ
傘（かさ）の直径（ちょっけい）
50㎝

刺胞動物

乙姫のカサは特大サイズ

学名 | Branchiocerianthus imperator

# オトヒメノハナガサ

巨大度 ●●● 凶暴度 ● レア度 ●● 移動力 ●

**触手**
茎の先端から、まるで花のように開く触手を大きく広げ、流れてくる動物プランクトンなどをとらえる。

0m

4000m

8000m

**生息水深**
100〜
1000m

**生息地**
インド洋、太平洋

**大きさ**
全長 1〜2m

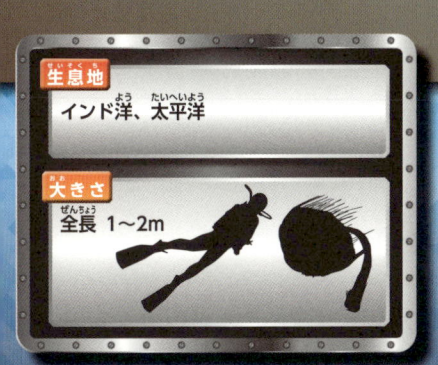

オトヒメノハナガサはヒドロ虫類というグループの生物で、植物のように海底に体を固定させてくらす。かれんな花のような見た目だが、海底からのびたヒドロ茎はなんと2mを超え、ヒドロ虫類で最大である。

43

# マッコウクジラ vs ダイオウイカ

## 深海で戦う巨大生物たち

世界最大級の巨大イカ・ダイオウイカは生きた姿のままでとらえられた例が少なく、生態は多くが謎につつまれている。しかし、そんなダイオウイカには天敵がいることが知られている。全長18mの大型ほ乳類・マッコウクジラだ。マッコウクジラは浅い海と深海を行き来して、深海のイカをとらえて食べてしまう。なかでもダイオウイカは好物なのか、浜に流れ着いたマッコウクジラの死体の胃の中から、立派なサイズのダイオウイカが見つかることがしばしばある。

ダイオウイカは最大で全長18mといわれるが、その半分以上は長くのびた触腕なので、体のサイズはマッコウクジラと比べるとやや不利だ。また、マッコウクジラなどの大型のハクジラの仲間は音波を出してえものを一瞬動けなくさせてとらえることができる。ダイオウイカvsマッコウクジラという巨大生物の戦いは、そのほとんどがマッコウクジラの勝利に終わるだろう。

マッコウクジラとダイオウイカのイメージ図。ダイオウイカは2本の長い「触腕」で抵抗をする。

2章 しょう

# ピカピカ

# 発光
はっこう

深海生物
しん かい せい ぶつ

光（ひか）るワナとオニのキバをもつ

# オニアンコウ

学名（がくめい）｜ *Linophryne densiramus*

### 突起（とっき）
突起（とっき）の先（さき）を光（ひか）らせて動（うご）かす。小（ちい）さな光（ひか）る生物（せいぶつ）だとかんちがいしてやってきたえものを食（た）べる。

### 口（くち）
口（くち）は大（おお）きく、キバのようにするどい歯（は）をもつ。くわえたえものを逃（に）がさないよう、歯（は）が内側（うちがわ）に曲（ま）がっている。

写真（しゃしん）は *Linophryne arborifera*

オニアンコウの仲間（なかま）は、釣（つ）り竿（ざお）のような突起（とっき）の先（さき）を発光（はっこう）させて、えものをおびきよせる。オスはとても体（からだ）が小（ちい）さく、成長（せいちょう）するとメスの体（からだ）に寄生（きせい）して、その後（ご）ずっとメスから栄養（えいよう）をもらいながら生（い）きる。

**生息地（せいそくち）**
全世界（ぜんせかい）の深海（しんかい）

**大（おお）きさ**
全長（ぜんちょう）
メス 9cm
オス 2.8cm

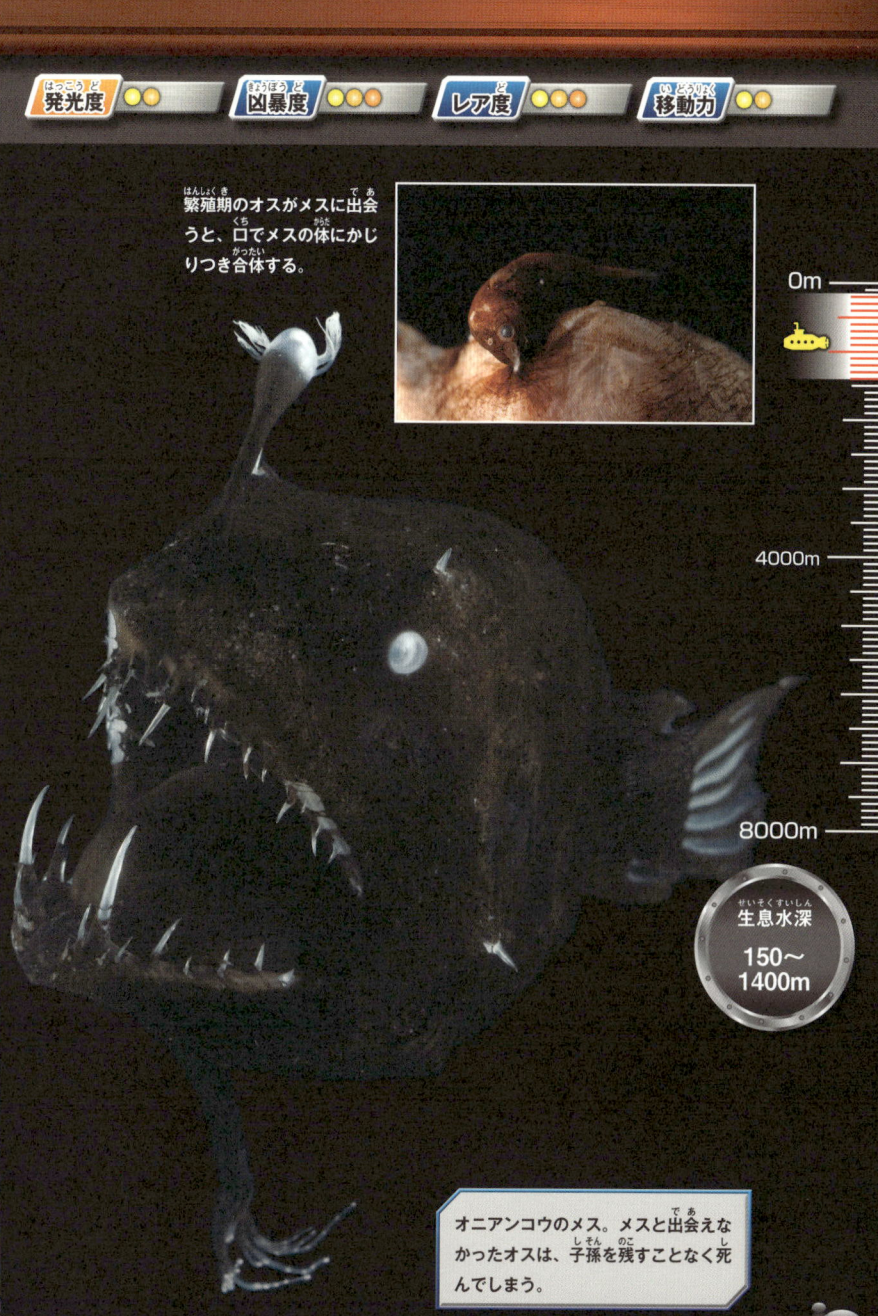

繁殖期のオスがメスに出会うと、口でメスの体にかじりつき合体する。

0m

4000m

8000m

生息水深

150〜
1400m

オニアンコウのメス。メスと出会えなかったオスは、子孫を残すことなく死んでしまう。

ペリカンのように大きな口

学名 | *Melanocetus johnsonii*

# ペリカンアンコウ

**突起**
突起の中にすむ発光バクテリアが光ることで、えものをおびきよせている。

**腹部**
胃と腹部が大きくふくらむので、自分の体の倍以上のえものを飲みこめる。全長2〜3cmの個体が、8.5cmのハダカイワシを飲みこんでいたことがある。

釣り竿のような突起の先が丸くふくらんでいる。鳥のペリカンのように口が大きくひらき、下あごの長さは全長の半分以上あり、前に突き出している。両あごにはするどいキバが生えている。

**生息地**
全世界の深海

**大きさ**
全長　メス9cm
　　　オス3cm

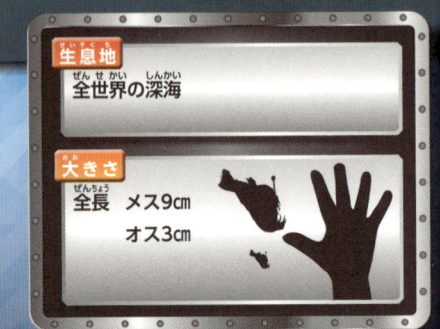

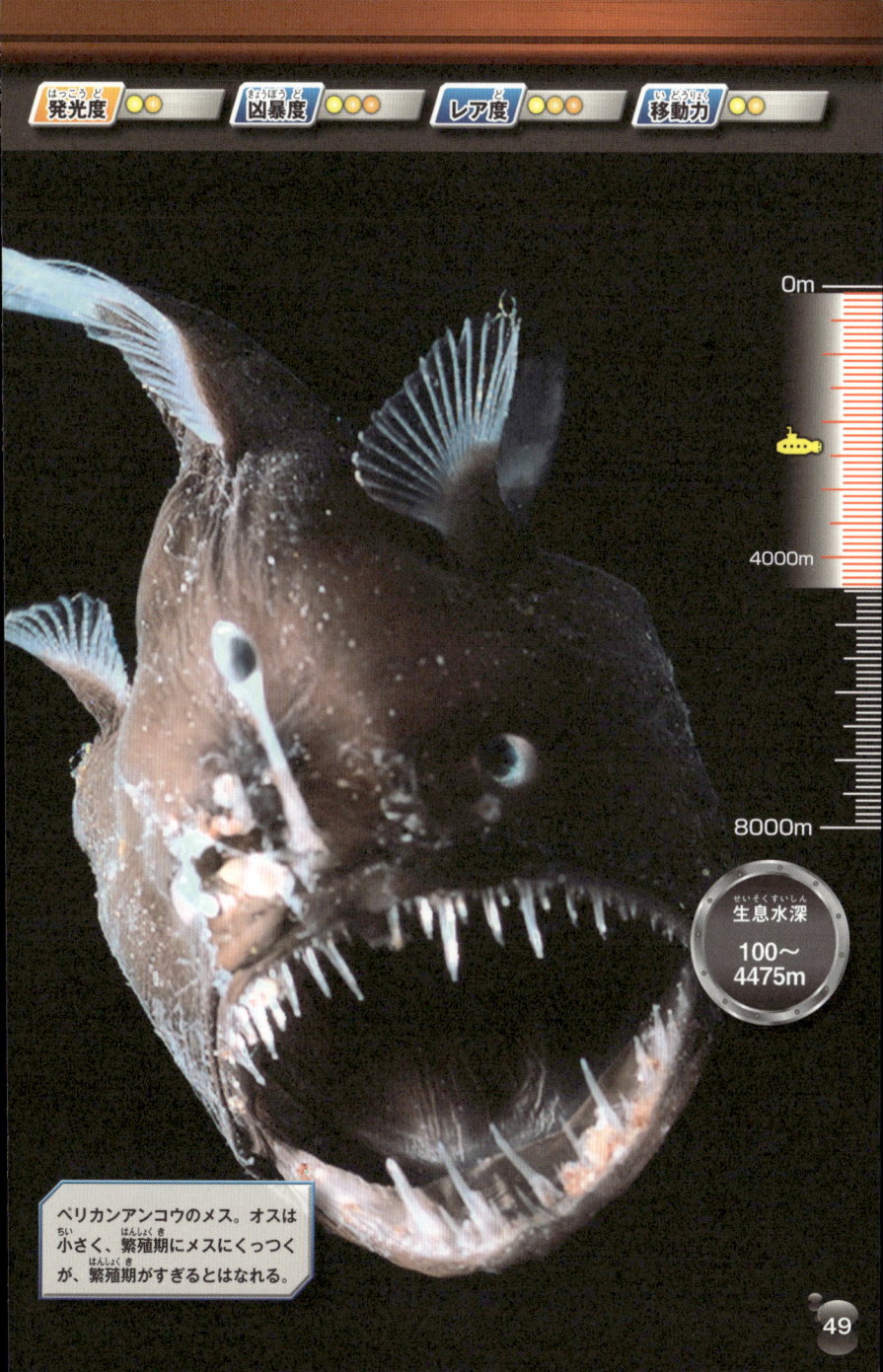

0m

4000m

8000m

生息水深（せいそくすいしん）

100〜
4475m

ペリカンアンコウのメス。オスは
小さく（ちい）、繁殖期（はんしょくき）にメスにくっつく
が、繁殖期（はんしょくき）がすぎるとはなれる。

49

**光るワナでえものを一本釣り！**

# シダアンコウ

魚類

 発光度 ●●
 凶暴度 ●●●
レア度 ●●●
 移動力 ●●

0m

4000m

8000m

**突起**
少し平たく、先端に向かって細くなっている。先端に発光器がある。

**目**
目はとても小さく、視力はあまりよくない。

**歯**
両あごにはするどい歯がならび、下あごには3列のキバをもつ。

**生息水深**

300〜5300m

**生息地**
全世界の深海

**大きさ**
全長 60㎝（メス）

アンコウ類としてはめずらしく体が細長く、体の表面は小さなとげでおおわれている。逆さまになって海中をただよい、突起を下にのばして、海底近くで先端を発光させて、えものをおびきよせる。

50

自分のすがたをかくすための光

学名 | *Argyropelecus hemigymnus*

# テンガンムネエソ

発光度 ●●● ○
凶暴度 ●● ○
レア度 ●● ○
移動力 ●●● ○

0m

**尾部**
体の後半部から尾部にかけてはうろこがなく、体が半透明。

**口**
口の中にも多数の発光器をもち、光でえものをおびきよせる。

4000m

**腹部**
腹部にならんだ発光器で弱い光を出し、自分のかげを消して、敵から身をかくす。

8000m

生息水深
100〜
600m

**生息地**
太平洋、大西洋

**大きさ**
全長 7cm

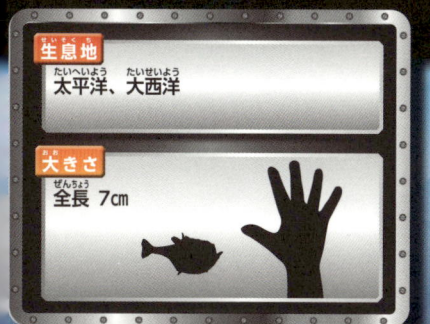

目や口は上向きについているため、上にいるえものを見つけるのに向いている。腹部の発光器から出す光は、敵から自分のすがたをかくすほか、上にいる仲間を見分けるのにも役立っていると考えられている。

かくれる！ひきよせる！光（ひかり）の魔術師（まじゅつし）

# ホウライエソ

学名（がくめい）｜ *Chauliodus sloani*

背（せ）びれ
背（せ）びれの一部（いちぶ）が長（なが）くのび、先端（せんたん）にはえものをおびきよせるための発光器（はっこうき）がある。

発光器（はっこうき）
体（からだ）の側面（そくめん）にもたくさんの発光器（はっこうき）がならんでいる。

目（め）
目（め）のまわりにも小（ちい）さな丸（まる）い発光器（はっこうき）がある。

体（からだ）の側面（そくめん）や口（くち）のまわり、目（め）のまわりなど、さまざまな場所（ばしょ）にたくさんの発光器（はっこうき）がついている。光（ひかり）をたくみにつかってえものをおびきよせたり、敵（てき）から身（み）をかくしたりする。大（おお）きな口（くち）とするどいキバをもつ。

生息地（せいそくち）
全世界（ぜんせかい）の深海（しんかい）

大（おお）きさ
全長（ぜんちょう）
最大（さいだい）35㎝

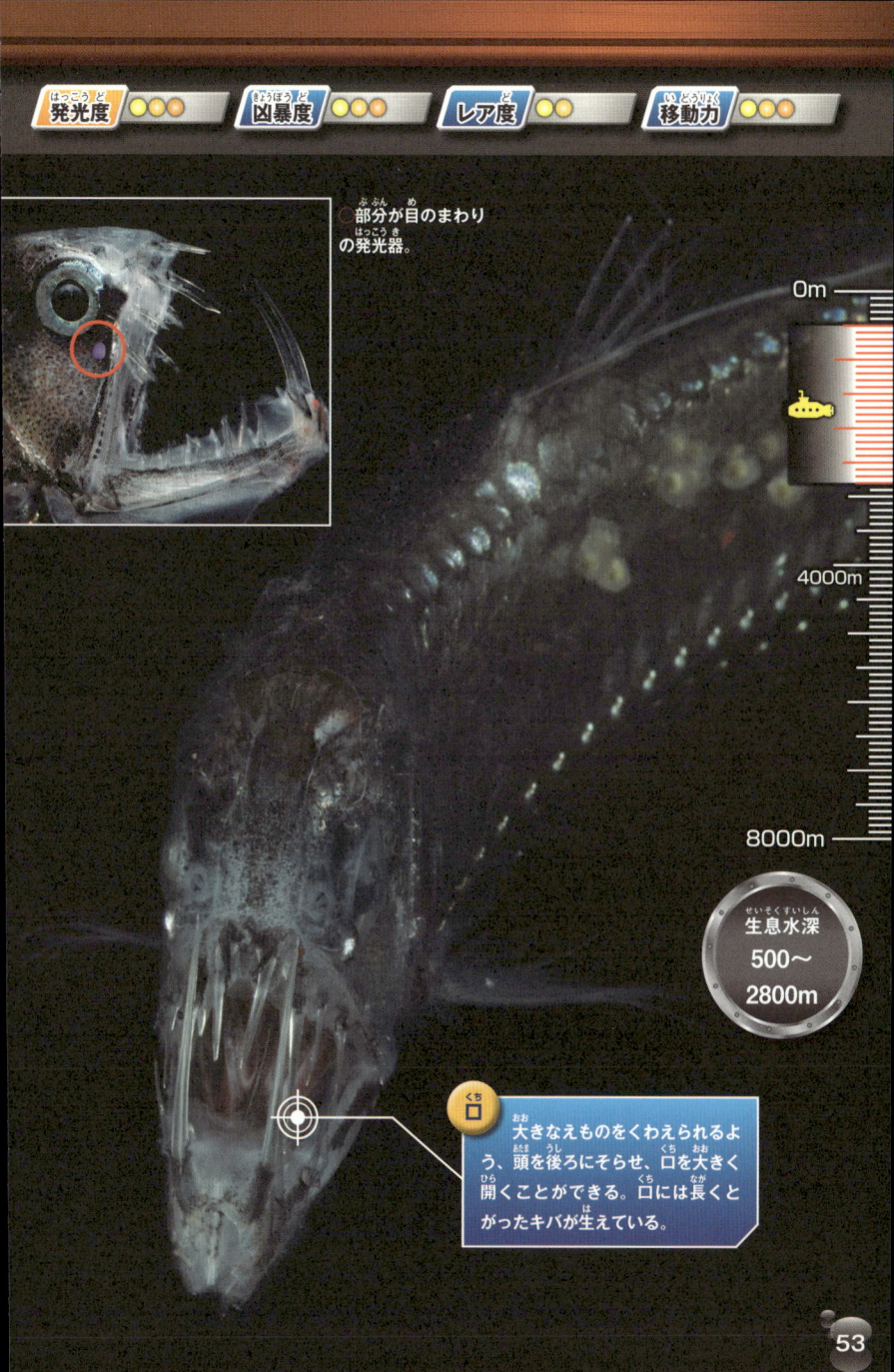

○部分が目のまわりの発光器。

0m

4000m

8000m

生息水深
500〜
2800m

口
大きなえものをくわえられるよう、頭を後ろにそらせ、口を大きく開くことができる。口には長くとがったキバが生えている。

53

魚類（ぎょるい）

光（ひか）るヒゲがえものをさそう

# ワニトカゲギス

学名（がくめい） | *Stomias affinis*

### 発光器（はっこうき）
体（からだ）の側面（そくめん）にもたくさんの発光器（はっこうき）がならんでいる。

### 口（くち）
両（りょう）あごには、するどいキバがならんでいる。

### ヒゲ
先（さき）がふたまたにわかれていて、わかれ目（め）に発光器（はっこうき）がついている。

ワニトカゲギスの仲間（なかま）はワニのようなキバと、トカゲのように長（なが）い体（からだ）が特（とく）ちょう。長（なが）くのびたヒゲの先（さき）が発光器（こうき）になっていて、光（ひかり）でえものをおびきよせて狩（か）りをする。目（め）のまわりや体（からだ）にも小（ちい）さな発光器（はっこうき）をもつ。

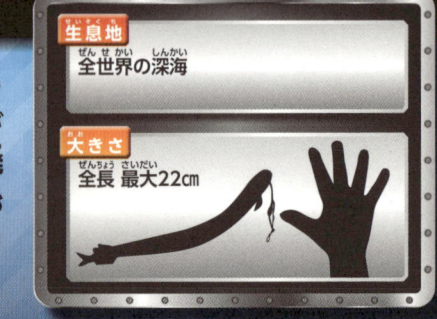

### 生息地（せいそくち）
全世界（ぜんせかい）の深海（しんかい）

### 大（おお）きさ
全長（ぜんちょう） 最大（さいだい）22㎝

0m

4000m

8000m

## ワニトカゲギスの仲間

ワニトカゲギス科にはたくさんの種がいるが、ヒゲの長さや形は種によってさまざまで、光り方もちがう。

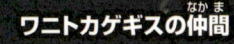

**目**
目のまわりにも発光器がある。

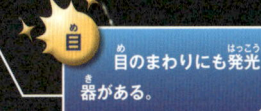

**下あごのヒゲ**
先端に発光器がついたヒゲをもつ。

生息水深

**700m**

55

体は弱いが数は多い!

# ハダカイワシ

学名 | *Diaphus watasei*

**脂びれ**
背びれと尾びれの間に、脂びれがあるのがこの仲間の特ちょう。

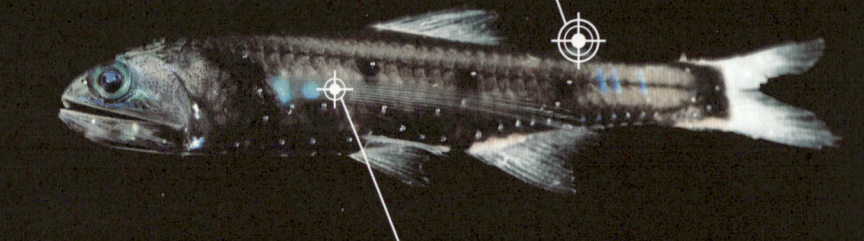

▼うろこがほとんどはがれてしまったハダカイワシの仲間。

**発光器**
体の側面に発光器があり、そのならび方が種や、オスとメスによってちがう。異性を探すときや、自分のシルエットを消すときにもつかわれる。

写真は Lepidophanes guentheri

うろこがはがれやすく、漁などでとれたものは網の中でもまれて、ほとんどうろこのない裸の状態になってしまう。このことからハダカイワシと名づけられた。体色は銀色や黒のものが多い。

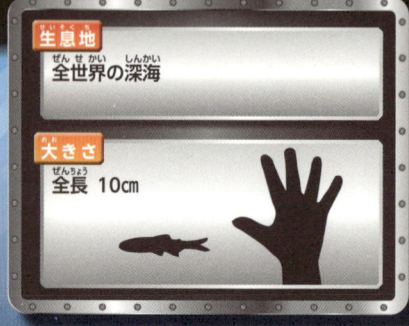

**生息地**
全世界の深海

**大きさ**
全長 10cm

0m

4000m

8000m

生息水深
300〜
750m

大きな発光器が目のまわりや顔の
先端についている種もいる。

# みんなで集まって光る
# ヒカリボヤ

尾索動物

学名 | *Pyrosoma atlanticum*

**群体**
各個虫が繊毛を動かして水流をつくり、移動する。日中は深海にいるが、夜間は表層に上がってくる。マンボウに食べられることがある。

**発光**
オレンジ色の個虫が青緑色の光を出していて、全体が青っぽく光って見える。

中がドーナツ状の棒のような形をしている。ひとつの大きな生き物のように見えるが、実は小さな個虫が集まってできている。体内に発光バクテリアを共生させており、刺激を受けると発光する。

**生息地**
南極・北極周辺をのぞく全世界の深海

**大きさ**
全長（群体）
最大60cm

58

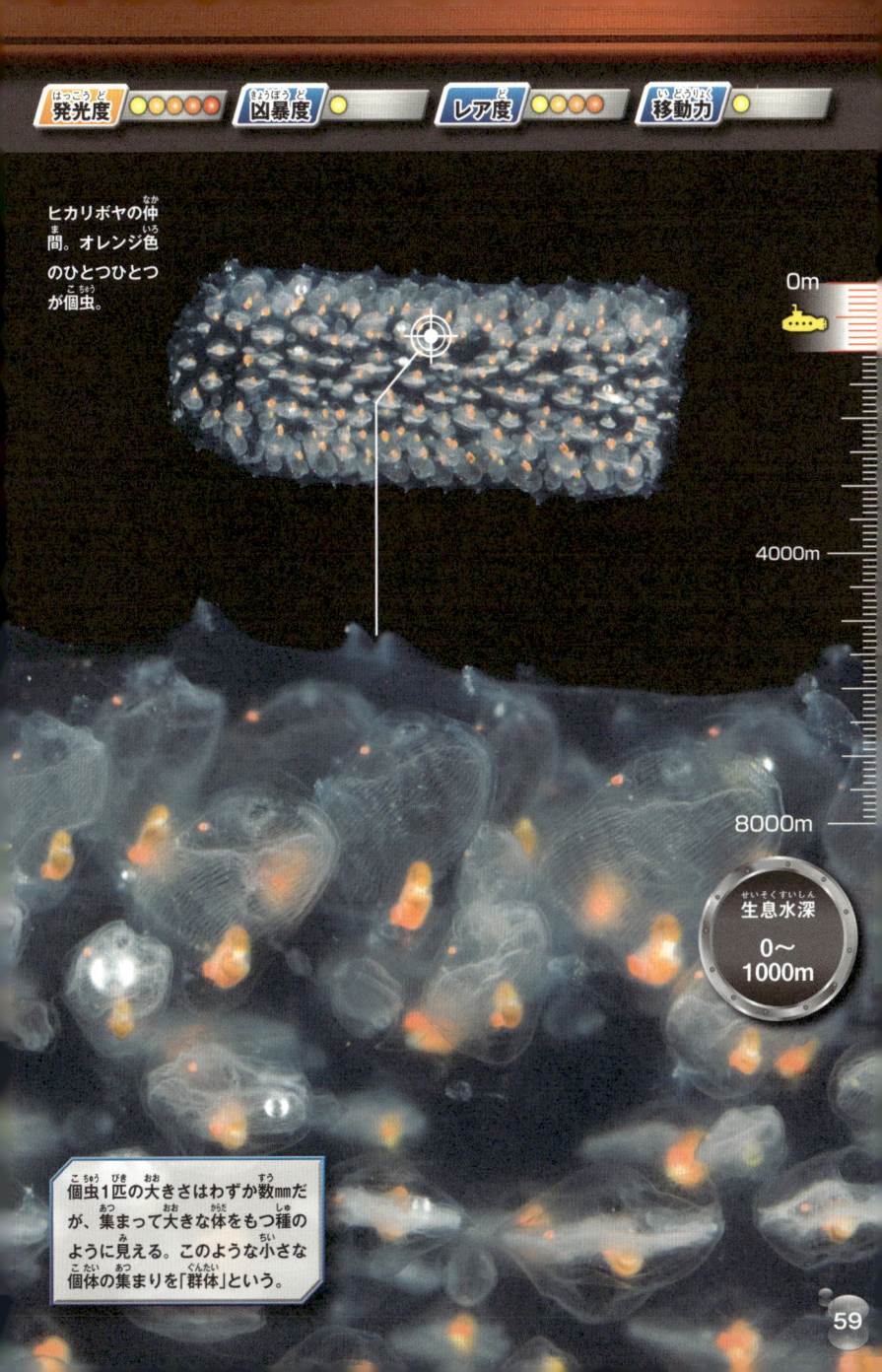

ヒカリボヤの仲間。オレンジ色のひとつひとつが個虫。

0m

4000m

8000m

生息水深
0〜
1000m

個虫1匹の大きさはわずか数mmだが、集まって大きな体をもつ種のように見える。このような小さな個体の集まりを「群体」という。

びっくりぎょうてん！光るタコ

学名 | *Strauroteuthis syrtensis*

# ヒカリジュウモンジダコ

**外套膜**
外套膜の中に、貝殻の名残りと思われる軟骨状のものがあり、ひれを付け根から支えている。

**ひれ**
ひれは大きく、やや後方よりについていて、泳ぐときにはたつかせる。

**腕**
吸ばんは1列にならび剛毛が生えている。先端から少し上の長さまでが膜でつながっている。

このタコの吸ばんはものに吸いつく機能がなく、かわりに吸ばんが発光器となっている。光で深海に多く生息するカイアシ類をおびきよせて食べる。タコの仲間で発光器をもつものはとてもめずらしい。

| 生息地 |
|---|
| 大西洋 |

| 大きさ |
|---|
| 全長 約50㎝ |

0m

4000m

8000m

生息水深（せいそくすいしん）

500〜
4000m

発光器（はっこうき）

腕（うで）にそって1列（れつ）にならんでいる。青緑色（あおみどりいろ）の光（ひかり）を放（はな）ち、光量（こうりょう）を少（すく）なくしたり、点滅（てんめつ）させたりもできる。

61

軟体動物

マッコウクジラに食べられちゃう

# カリフォルニアシラタマイカ

学名 | *Histioteuthis heteropsis*

発光度  ●●●○

凶暴度 ●○○○

レア度 ●●○○

移動力 ●●●○

0m

**目**
右の目よりも左の目が大きい。左右の目で海中の上と下を見ているのではないかと考えられている。

**捕食**
1頭のマッコウクジラの胃から2000匹のカリフォルニアシラタマイカが見つかった例がある。そのことから、このイカは深海にかなりの数が生息すると考えられている。

4000m

8000m

**生息水深**
400～
800m

**腹面**
外套の腹側に、たくさんの発光器がびっしりとならんでいる。

体表にイチゴのように小さな黒い点々がある。これが発光器で、頭部や腕など全身が発光器でおおわれている。周囲の明るさに合わせて発光させたり、消したりするという技をもつ。

**生息地**
太平洋東部

**大きさ**
外套長 13cm

幽霊のような白い体

# ユウレイイカ

軟体動物

学名 | *Chiroteuthis picteti*

 発光度 ●●●○○　 凶暴度 ●●●○○　 レア度 ●●○○○　 移動力 ●●●○○

0m

子ども時代のユウ
レイイカ。

触腕
外套長の3倍以上の長さにの
びる。粒状の40個の発光器があ
り、これを光らせてえものをおび
きよせる。

4000m

目
周囲に3列の
発光器がある。

8000m

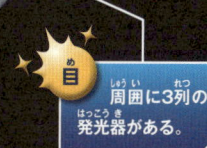
生息水深
200〜
600m

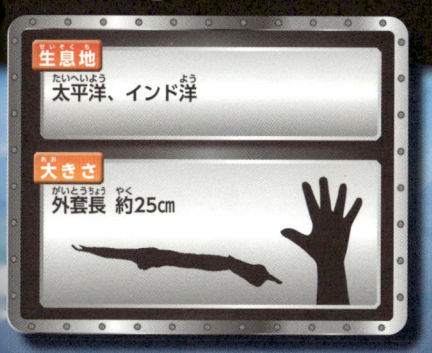

生息地
太平洋、インド洋

大きさ
外套長 約25cm

白く透き通った寒天のような体で、
ゆっくりと泳ぐ姿はまさに幽霊。子
ども時代は体が透明だ。腹側にある
4対目の太い腕には、海水よりも軽
い体液が詰まっていて、浮き袋のよ
うな役目をしている。

63

軟体動物

目と胃を光らせて身をかくす

学名 | *Cranchia scabra*

# サメハダホウズキイカ

**胴体**
表面には、こんぺいとうのような形の小さな突起がたくさんあり、ザラザラしたサメ肌になっている。それが名前の由来である。

**目**
腹面に14個の発光器がならぶ。それを発光させて目のかげを消している。

だ円形にふくらんだ体は半透明で、先端に小さなひれがついている。短い腕と、長くのびた2本の触腕をもつ。敵から見つかるのをさけるために、発光器の光で大きな目や内臓のかげを打ち消している。

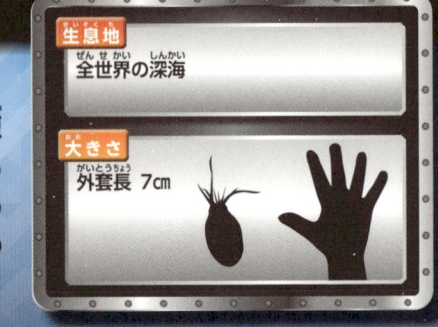

**生息地**
全世界の深海

**大きさ**
外套長 7㎝

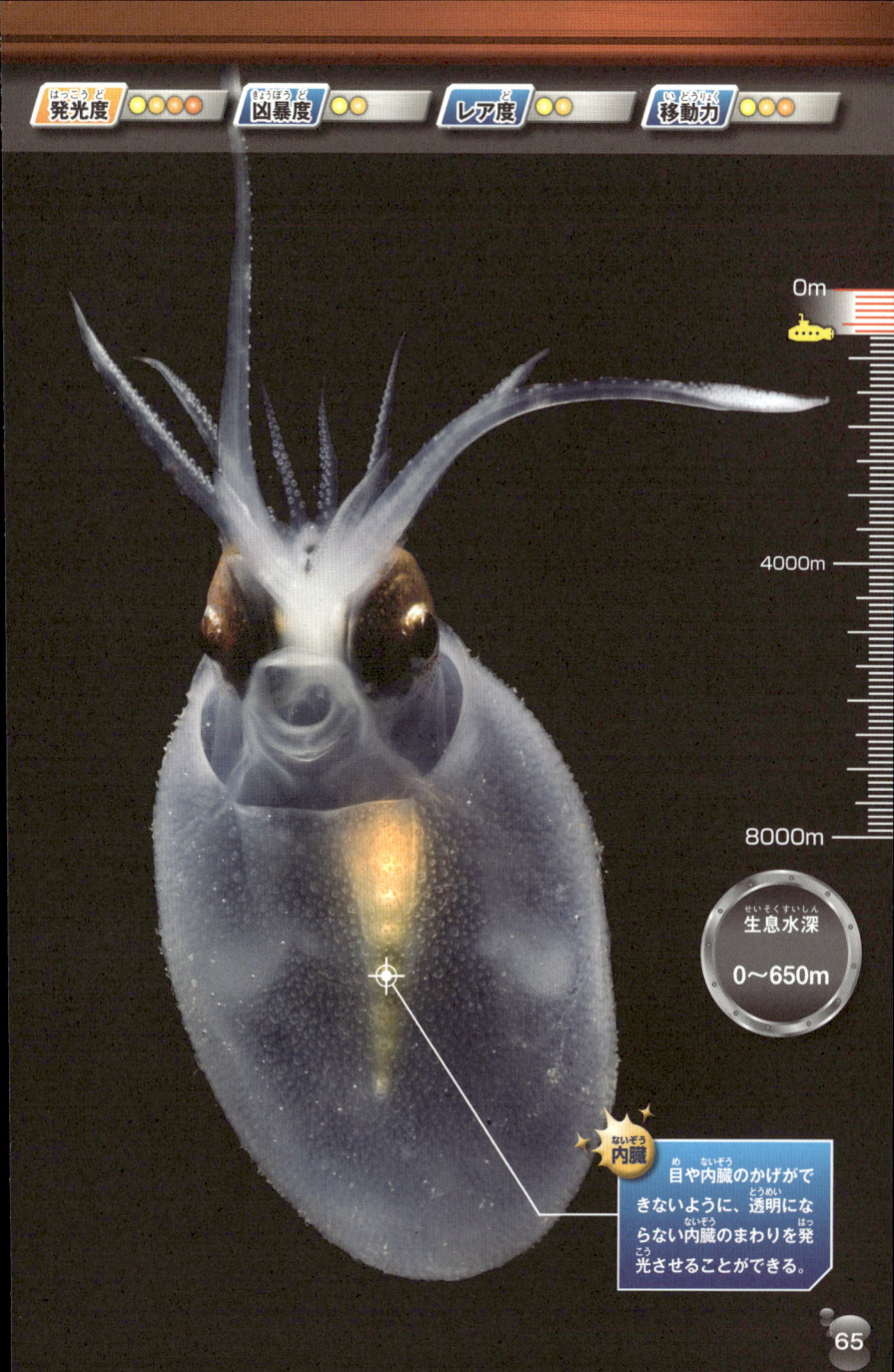

0m

4000m

8000m

生息水深
0〜650m

内臓

目や内臓のかげがで
きないように、透明にな
らない内臓のまわりを発
光させることができる。

65

軟体動物（なんたいどうぶつ）

体の形をかえて逃げる！

# ウスギヌホウズキイカ

学名（がくめい） | Teuthowenia pellucida

発光度（はっこうど）●●● 凶暴度（きょうぼうど）●● レア度（ど）●●● 移動力（いどうりょく）●●●

0m

外套膜（がいとうまく）
細長い外套膜（ほそながいかいとうまく）と、細長いひれをもつ。

4000m

目（め）
大きな目（おおきなめ）のまわりを発光器（はっこうき）がとりまいている。目のかげを消（け）すために発光器を光（ひか）らせる。

8000m

生息水深（せいそくすいしん）
1600〜2500m

生息地（せいそくち）
南極海（なんきょくかい）

大きさ（おおきさ）
外套長（がいとうちょう） 20㎝

体は細長（からだほそなが）いが、危険を感（きけんかん）じると体をふくらませ、球体（きゅうたい）へと変身（へんしん）する。すると体の透明感（とうめいかん）がまし、海水（かいすい）と区別（くべつ）がつかなくなる。さらにふくらんだ体の中（からだなか）にスミをはき、真っ黒の体（まくろのからだ）となり完全に姿（かんぜんすがた）を消（け）すこともある。

66

赤い体は深海では黒く見える！

学名 | *Periphylla periphylla*

# クロカムリクラゲ

刺胞動物

| 発光度 ●●● | 凶暴度 ●● | レア度 ●● | 移動力 ●●● |
| --- | --- | --- | --- |

★ 発光
ひだの部分から青白い光を放つ。

胃
食べた生物が放つ光が外にもれて、敵に見つからないように、赤黒い色をしている。赤色は深海では黒く見える。

0m

4000m

8000m

触手
12本の太い触手でえものをとらえる。クラゲ類は触手を後ろになびかせてただよう種が多いが、クロカムリクラゲは触手を前に向けて泳げる。

生息水深
200〜700m

生息地
全世界の深海

大きさ
傘の直径
20cm

体内に発光細胞をもち、敵がぶつかったりすると、体の下のひだの部分から青白い発光粒子を放出して相手の目をくらます。それでも攻撃がつづくと、傘のまわりに鮮烈な光の波を起こす。

刺胞動物

# ツリガネクラゲ

学名 | *Aglantha digitale*

縁膜
縁膜が発達していて、ロケットのように水を吹き出して移動する。そのスピードは速い。

口
つりがね状の傘の下にある白く見える部分が口。

深海域では一年中観察される、透明な釣り鐘のような形をしたクラゲ。光を当てると傘の筋肉が虹色にかがやく。約100本の細く短い触手をもち、プランクトンをとらえて食べる。

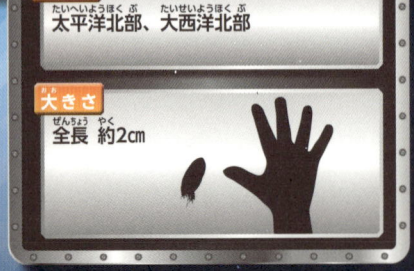

生息地
太平洋北部、大西洋北部

大きさ
全長 約2㎝

68

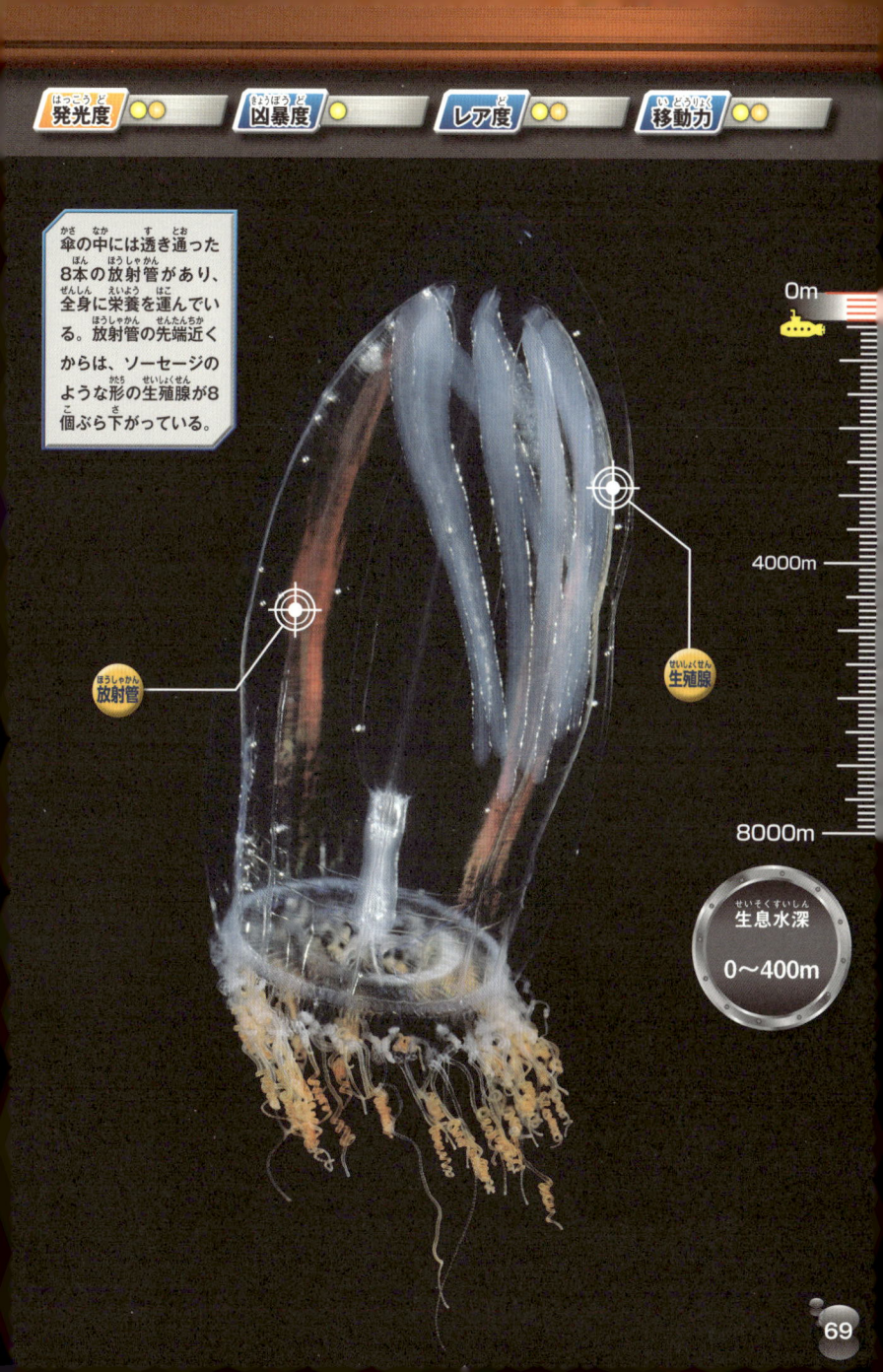

傘の中には透き通った8本の放射管があり、全身に栄養を運んでいる。放射管の先端近くからは、ソーセージのような形の生殖腺が8個ぶら下がっている。

放射管

生殖腺

0m

4000m

8000m

生息水深
0〜400m

69

# 深海の ハンターたち

## 孤独な深海で生きのびるひけつ

　深海でえものを探そうとしても、ほかの生物と出会う確率が低いため、運よくえものを見つけたら確実にしとめなければならない。深海の住人たちは生きのびるためにさまざまな作戦をとっている。

　オニボウズギス（→P138）やフクロウナギ（→P130）は、「まる飲み作戦」をとる。大きな口と大きくふくらむ胃をもち、自分より大きなえものでも丸のみにしてしまうのだ。ひとたび機会をのがせば、次はいつ食事ができるかわからないのだから、敵が大きくてもひるんではいられない。また、長い間食事をしなくても生きられるように「省エネ作戦」をとる深海生物も多い。泳ぎまわって狩りをするのではなく、エネルギーを節約してゆっくりと漂いながらえものを待つのだ。オニキンメ（→P82）は、ふだんはゆっくりと泳いでいるが、「側線」という器官でえものが近くにいることを感じると、バタバタとひれをせわしなく動かして泳ぎ、えものを一瞬でとらえて食べてしまう。

### 深海生物の スゴ技いろいろ

**歯がスゴイ！**

◀ミナミシンカイエソ▶
歯が内側に向かって生えていて、一度くわえたえものは逃がさない。

**側線がスゴイ！**

▲ヒレナガチョウチンアンコウ
ヒレ一本一本の先に「側線」が発達していて、まわりのえものの動きをとらえる。

**胃がスゴイ！**

▲シンカイウリクラゲ
自分より大きなえものでもベロリと飲みこむ。

# 地球外生命体か？
ち きゅう がい せい めい たい

# 奇妙な姿の
きみょう すがた

## 深海生物
しん かい せい ぶつ

アップで見ると怪獣（かいじゅう）みたいな顔（かお）

# ウロコムシ

学名（がくめい） | *Lepidonotus jacksoni*

**足（あし）**
足（あし）にはかたい毛（け）が生（は）えている。

**うろこ**
うろこと背中（せなか）の間（あいだ）にトンネルのようなすき間（ま）があり、そこにたえず新鮮（しんせん）な海水（かい）を通（とお）して呼吸（こきゅう）している。

ウロコムシ類（るい）はゴカイなどと同（おな）じ仲間（なかま）。背中（せなか）は平（ひら）たいうろこのようなものでおおわれている。磯（いそ）の石（いし）をひっくりかえすと見つかるものもいるが、水深（すいしん）2000mを超（こ）える深海（しんかい）からも見つかっている。

**生息地（せいそくち）**
熱水噴出域（ねっすいふんしゅついき）や湧水域（ゆうすいいき）、クジラの骨（ほね）

**大（おお）きさ**
全長（ぜんちょう）約（やく）15mm

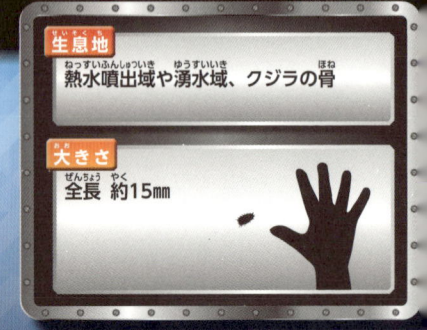

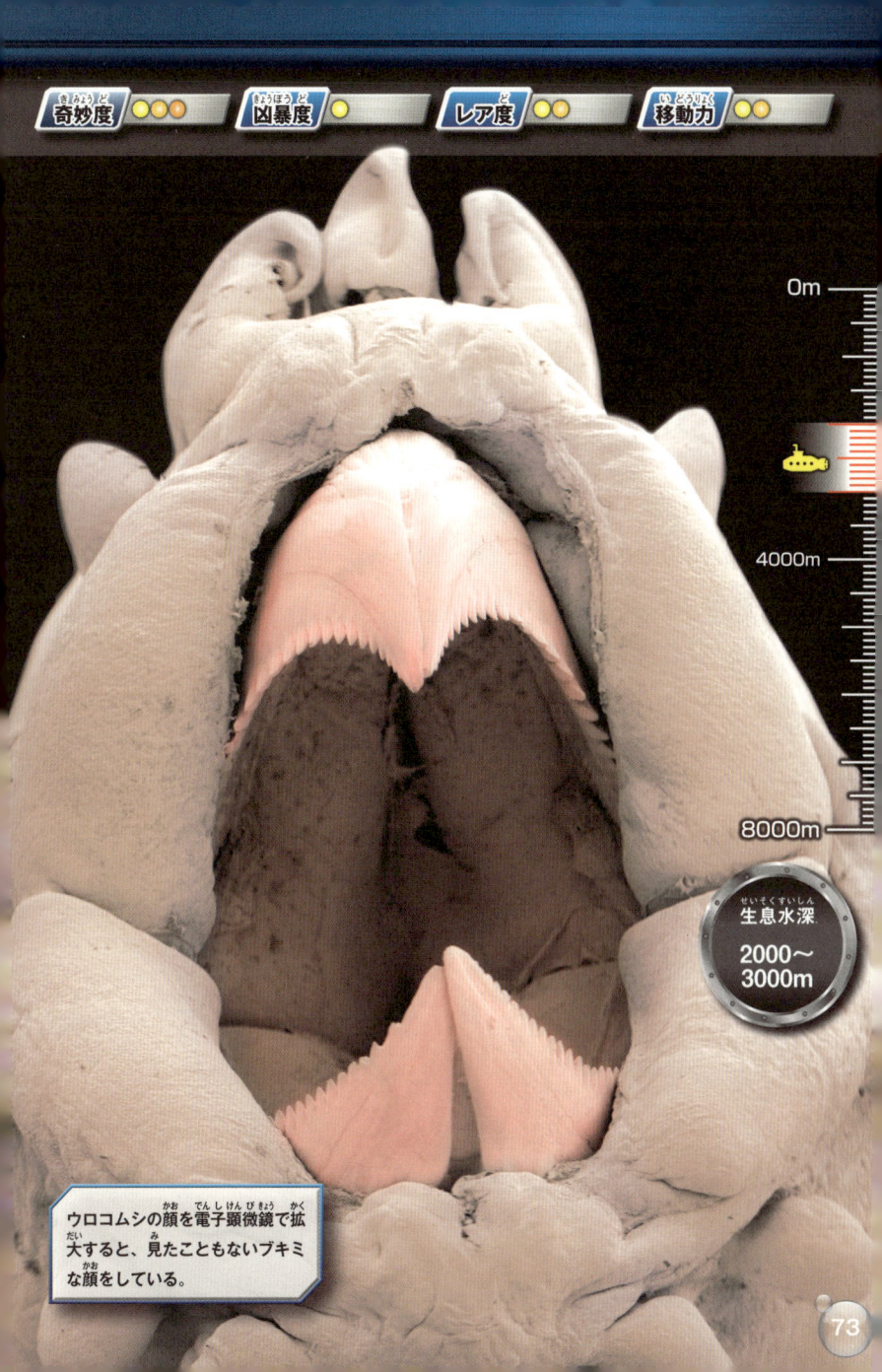

0m

4000m

8000m

生息水深（せいそくすいしん）
2000～
3000m

ウロコムシの顔（かお）を電子顕微鏡（でんしけんびきょう）で拡（かく）大（だい）すると、見（み）たこともないブキミな顔（かお）をしている。

73

魚類（ぎょるい）

エイリアンのように口（くち）が飛（と）び出（だ）す！

# ミツクリザメ

学名（がくめい） | *Mitsukurina owstoni*

0m

吻（ふん）
うすい板（いた）のような形（かたち）で、先（さき）がとがっている。電流（でんりゅう）を感（かん）じる器官（きかん）があり、海底（かいてい）にひそむえものが発（はっ）するわずかな電流（でんりゅう）を感（かん）じとってつかまえる。

尾びれ（おびれ）
とても長（なが）い尾びれ（おびれ）をもつ。

4000m

8000m

生息水深（せいそくすいしん）

400〜1300m

口（くち）
大（おお）きく前方（ぜんぽう）に突（つ）き出（だ）すことができる。歯（は）は細（ほそ）長（なが）く、少（すこ）し内側（うちがわ）に曲（ま）がっている。

標本（ひょうほん）では口（くち）が飛（と）び出（だ）しているものが多（おお）いが、ふだんは口（くち）は引（ひ）っこんでいる。体（からだ）は水分（すいぶん）が多（おお）いのかやわらかい。体色（たいしょく）は生（い）きている時（とき）にはピンクがかった白（しろ）だが、死（し）ぬと灰色（はいいろ）になり、口（くち）が突（つ）き出（だ）して開（ひら）く。

生息地（せいそくち）
太平洋（たいへいよう）〜インド洋（よう）など

大きさ（おおきさ）
全長（ぜんちょう） 3.3m

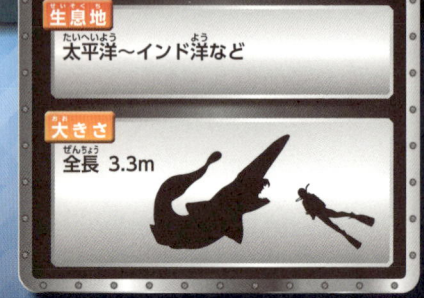

あるとき、インド洋の水深1300mにしかれていた海底電線で事故が起きた。えものとまちがえてかじり付いてしまったのか、回収された電線の中からはミツクリザメの歯が出てきた。

**皮ふ** 色素が少なく、皮ふの下に流れる血液の色が透けて見える。

75

神秘(しんぴ)、謎(なぞ)の超古代(ちょうこだい)ザメ

# ラブカ

学名(がくめい) | *Chlamydoselachus anguineus*

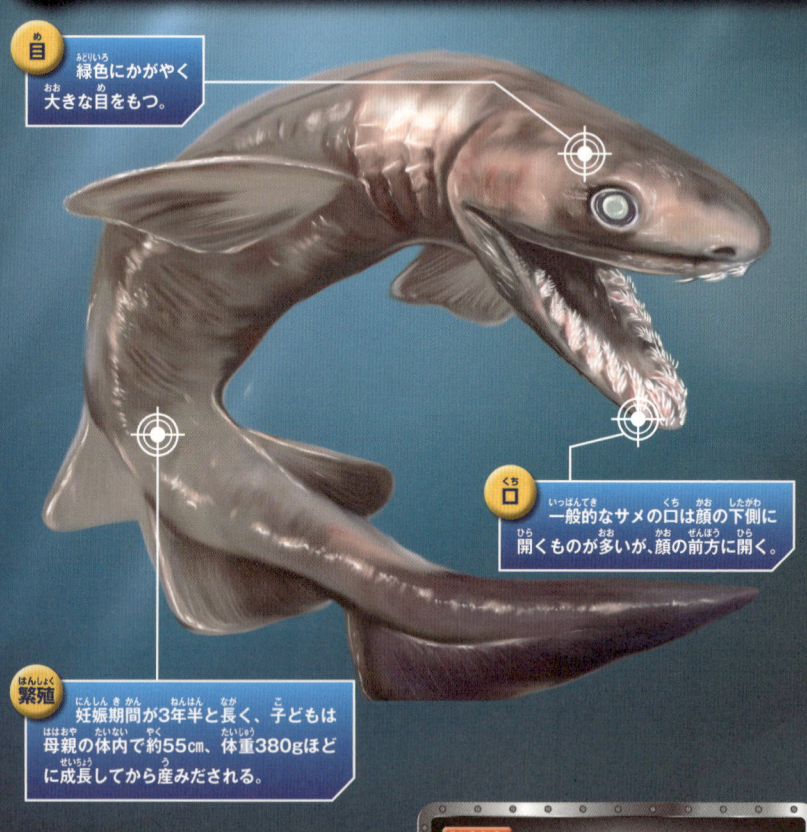

**目(め)**
緑色(みどりいろ)にかがやく
大(おお)きな目(め)をもつ。

**口(くち)**
一般的(いっぱんてき)なサメの口(くち)は顔(かお)の下側(したがわ)に
開(ひら)くものが多(おお)いが、顔(かお)の前方(ぜんぽう)に開(ひら)く。

**繁殖(はんしょく)**
妊娠期間(にんしんきかん)が3年半(ねんはん)と長(なが)く、子(こ)どもは
母親(ははおや)の体内(たいない)で約(やく)55㎝、体重(たいじゅう)380gほど
に成長(せいちょう)してから産(う)みだされる。

古代(こだい)のサメに似(に)た特(とく)ちょうをもち、
「生(い)きた化石(かせき)」と言(い)われているラブ
カ。体(からだ)は細長(ほそなが)く、「ウナギザメ」とも
よばれる。フォークのような形(かたち)の歯(は)
を使(つか)って、イカやタコ、魚(さかな)などをと
らえて食(た)べている。

**生息地(せいそくち)**
全世界(ぜんせかい)の深海(しんかい)

**大(おお)きさ**
全長(ぜんちょう) 最大(さいだい)2m

側線
溝のようになっている。

0m

4000m

数億年前に絶滅したサメ「クラドセラケ」に似た歯ならびや、フォークのように長くとがった歯など、原始的なサメの特ちょうをもっている。

8000m

えら孔
一般的なサメは5対だが、ラブカにはフリルのようなえら孔が6対ある。

生息水深
120〜
1500m

ゾウのような吻をもつ

# ゾウギンザメ

学名 | *Callorhinchus milii*

奇妙度 ●●●○ | 凶暴度 ●●○ | レア度 ●●●○ | 移動力 ●●

0m

**吻**
ゾウの鼻のように長く、まがっている。

**背びれ**
2つあり、前の背びれには毒とげがある。

4000m

額と腹びれの前方に突起がある。交尾の時に使用すると考えられている。

**歯**
固い石のような歯が上あごに2対、下あごに1対ならぶ。

8000m

生息水深

250m

顔の先から、「吻」という器官がゾウの鼻のように飛び出しているゾウギンザメ。この長い吻をうまく使って海底をほり起こし、ひそんでいるエビやカニなどを探しだして食べる。

**生息地**
太平洋南部

**大きさ**
全長 約1.2m

魚類

メタリックな深海魚
**ギンザメ**

学名 | *Chimaera phantasma*

奇妙度 ●●
凶暴度 ●●
レア度 ●
移動力 ●●

**頭部**
複雑に枝分かれした側線があり、まわりの生物が発する電気を感じとることができる。

**胸びれ**
厚くて大きい胸びれを、ゆっくりとオールのように動かして泳ぐ。

0m

4000m

8000m

生息水深
10〜700m

**生息地**
太平洋〜東シナ海

**大きさ**
全長 75cm

ふつうのサメのように大きな尾びれはもたず、体の後ろ側がネズミのしっぽのように細長くのびている。体の表面にはうろこがなくなめらか。目が大きく、どこかかわいらしい顔つきをしている。

79

ひれが大きすぎる深海魚

# ベンテンウオ

魚類

学名 | *Pteraclis aesticola*

奇妙度 ●●●●○　凶暴度 ●●○○○　レア度 ●●●○○　移動力 ●●○○○

0m

**ひれ**
真っ黒で扇のような形。背中とお腹についている溝の中に折りたたまれて入っている。

**背びれ**
目の前方から背びれがはじまる。

4000m

**体**
銀色のうろこでおおわれている。

8000m

**生息水深**
0〜200m

**生息地**
太平洋など

**大きさ**
全長 61cm

なかなか目にすることのできないめずらしい魚で、生態などくわしいことはわかっていない。体高は約10cmだが、水揚げされた個体の背びれとしりびれを広げると、なんと70cmの扇のような形になった。

謎多き透明な頭をもつ魚

# デメニギス

学名 | *Macropinna microstoma*

奇妙度 ●●●●● 凶暴度 ●● レア度 ●●● 移動力 ●●●

0m

**頭部** コックピットのような透明なドームの中は液体で満たされている。

**目** エメラルド色で大きく、自分の真上から正面まで回転させることができる。

4000m

8000m

**胸びれ** 大きく広げ、体を安定して水平に保つ。

**体** とてもやわらかくてもろいので、採集されても体がくずれてしまう。

**生息水深**
400～800m

**生息地**
太平洋など

**大きさ**
全長 15cm

透明なドームでおおわれた頭部と、エメラルド色の大きな目が特ちょう。目はふだんは上を向いているが、えものを探すときは前も見ることができる。クダクラゲの触手についたえものを横取りすることもある。

魚類（ぎょるい）

この世のものとは思えない恐い顔

# オニキンメ

学名（がくめい） | *Anoplogaster cornuta*

0m

側線（そくせん）
えものの動きを
すばやく感じとる。

頭部（とうぶ）
多くの溝や隆起が走る。

4000m

8000m

口（くち）
両あごにするどく長い、
キバ状の歯がならぶ。

生息水深（せいそくすいしん）

500〜
2000m

大きな口には、上あごに6本、下あごに8本のするどい犬歯がならぶ。これだけ歯が長いと口を閉じることもむずかしそうだが、実は上下のあごには歯をしまう穴があり、安心して口を閉じられるようだ。

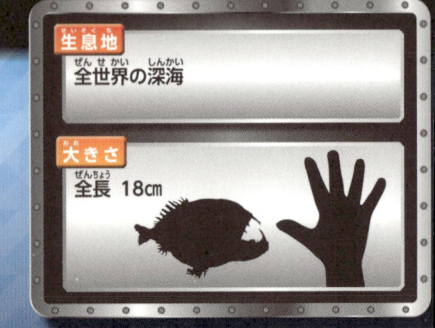

生息地（せいそくち）
**全世界の深海**

大きさ（おおきさ）
全長（ぜんちょう）　18cm

 82

奇妙度 ●●●○○　凶暴度 ●●●○○　レア度 ●●●○○　移動力 ●●○○

鬼のような恐い顔をしているが、泳ぐスピードはおそく、体をふるわせてかわいく泳ぐ。

びっくり！飛び出す目玉をもつ
# ボウエンギョ
魚類

学名 | *Gigantura chuni*

 奇妙度 ●●●○○　 凶暴度 ●●○○○　 レア度 ●●●○○　 移動力 ●●●○○

0m

名前のとおり、望遠鏡のような目をもつ。

目

4000m

胃
大きくふくらませることができ、大きなえものを飲みこめる。

8000m

生息水深
500〜
1500m

尾びれ
尾びれの下側が長くのびている。

まるで望遠鏡のように、前に飛び出している目が特ちょうだ。深海では、頭を上にして胸びれを大きく広げ、長い尾びれをゆっくりと動かしながら、立ち泳ぎをしているところが観察されている。

生息地
全世界の深海

大きさ
全長 17cm

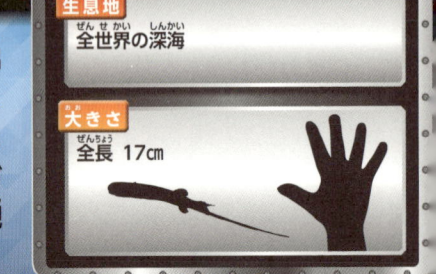

84

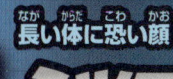

長い体に恐い顔

# ミツマタヤリウオ

学名 | *Idiacanthus antrostomus*

| 奇妙度 ●●●○○ | 凶暴度 ●●○○○ | レア度 ●●●○○ | 移動力 ●●○○○ |

0m

**口**
キバ状の歯がならぶとても大きな口で、魚などのえものを丸飲みにする。

**体**
小さな発光器が、胸から尾びれの前までならぶ。

4000m

**体**
細長く、全身真っ黒な皮ふでおおわれ、うろこがない。

**下あご**
メスは、先端に発光器のある1本の長いひげをもつ。

8000m

生息水深
400～
800m

生息地
太平洋北部

大きさ
全長　メス50cm
　　　オス5cm以下

細長い体に大きな頭、大きな口をもつ。メスにはまるで竜のような長いひげがあり、英語では「黒い竜」と呼ばれる。上の写真はメスの個体で、オスは成長してもわずか5cmほどと小さく、ひげももたない。

魚類 (ぎょるい)

3本(ぼん)の足(あし)で海底(かいてい)に立(た)つ

# オオイトヒキイワシ

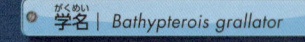
学名(がくめい) | *Bathypterois grallator*

奇妙度(きみょうど) ●●●
凶暴度(きょうぼうど) ●●
レア度(ど) ●●●
移動力(いどうりょく) ●●

0m

4000m

8000m

**胸(むな)びれ**
ほかのイトヒキイワシ類(るい)にくらべて短(みじか)い。流(なが)れに向(む)かって大(おお)きく広(ひろ)げる。

**顔(かお)**
とても大(おお)きな口(くち)をもち、目(め)は小(ちい)さく退化(たいか)している。

**体(からだ)**
黒(くろ)っぽいうろこでおおわれる。

**生息水深(せいそくすいしん)**
878〜
4720m

海底(かいてい)に3本(ぼん)の足(あし)で立(た)っているように見(み)えるが、実(じつ)はその足(あし)は腹(はら)びれと尾(お)びれが長(なが)くのびたものだ。胸(むな)びれには神経(しんけい)が走(はし)っているので、それを水(みず)の流(なが)れに向(む)けてアンテナのように広(ひろ)げ、えものの動(うご)きを感知(かんち)する。

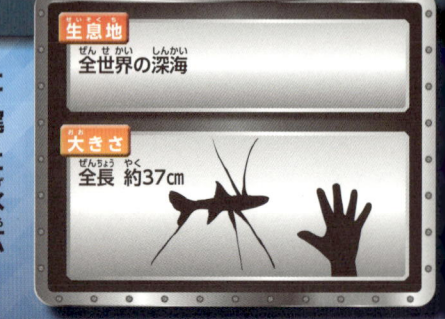

**生息地(せいそくち)**
全世界(ぜんせかい)の深海(しんかい)

**大(おお)きさ**
全長(ぜんちょう) 約(やく)37㎝

陸に上がるとヘンな顔

# ニュウドウカジカ

学名 | *Psychrolutes phrictus*

奇妙度 ●●●
凶暴度 ●●
レア度 ●●
移動力 ●●

**体**
水中ではオタマジャクシ形で、うろこはなくぶよぶよの皮ふでおおわれる。

**頭部**
丸くて大きく、坊主頭のよう。

0m

4000m

8000m

生息水深
480〜
2800m

**生息地**
太平洋東部など

**大きさ**
全長 約60cm

筋肉が少なく、その代わりに水分が多いぶよぶよの体をもつ。水中から陸にあげると、重力によって体の形がつぶれて、顔の盛り上がった部分がたれ下がり、とぼけた顔になってしまう。

ふしぎなスケスケ幽霊アンコウ

学名 | *Haplophryne mollis*

# ユウレイオニアンコウ

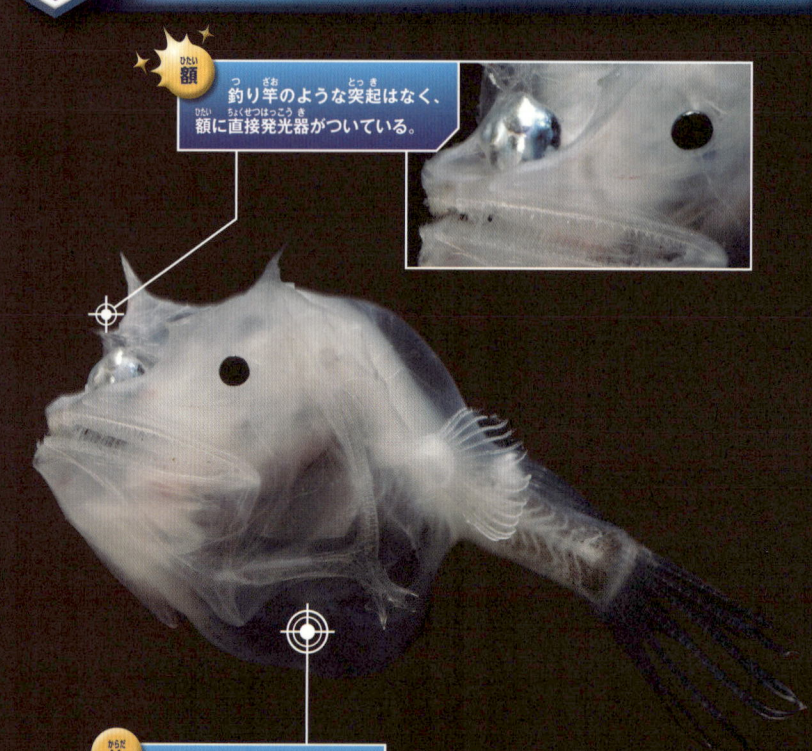

**額**
釣り竿のような突起はなく、額に直接発光器がついている。

**体**
皮ふが透き通っていて、内臓や骨が外からよく見える。

皮ふに色素がないため、幽霊のように体がすけてしまっている。オニアンコウ（→P.46）と同じく、オスがメスの体に寄生する特ちょうがあり、なんと3匹のオスがくっついたメスのすがたも見つかっている。

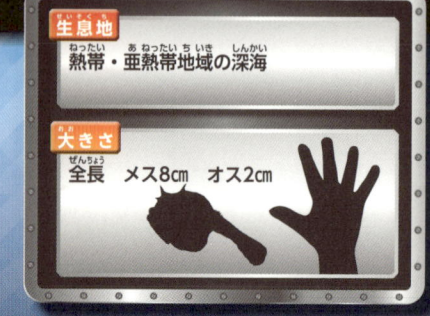

**生息地**
熱帯・亜熱帯地域の深海

**大きさ**
全長　メス8㎝　オス2㎝

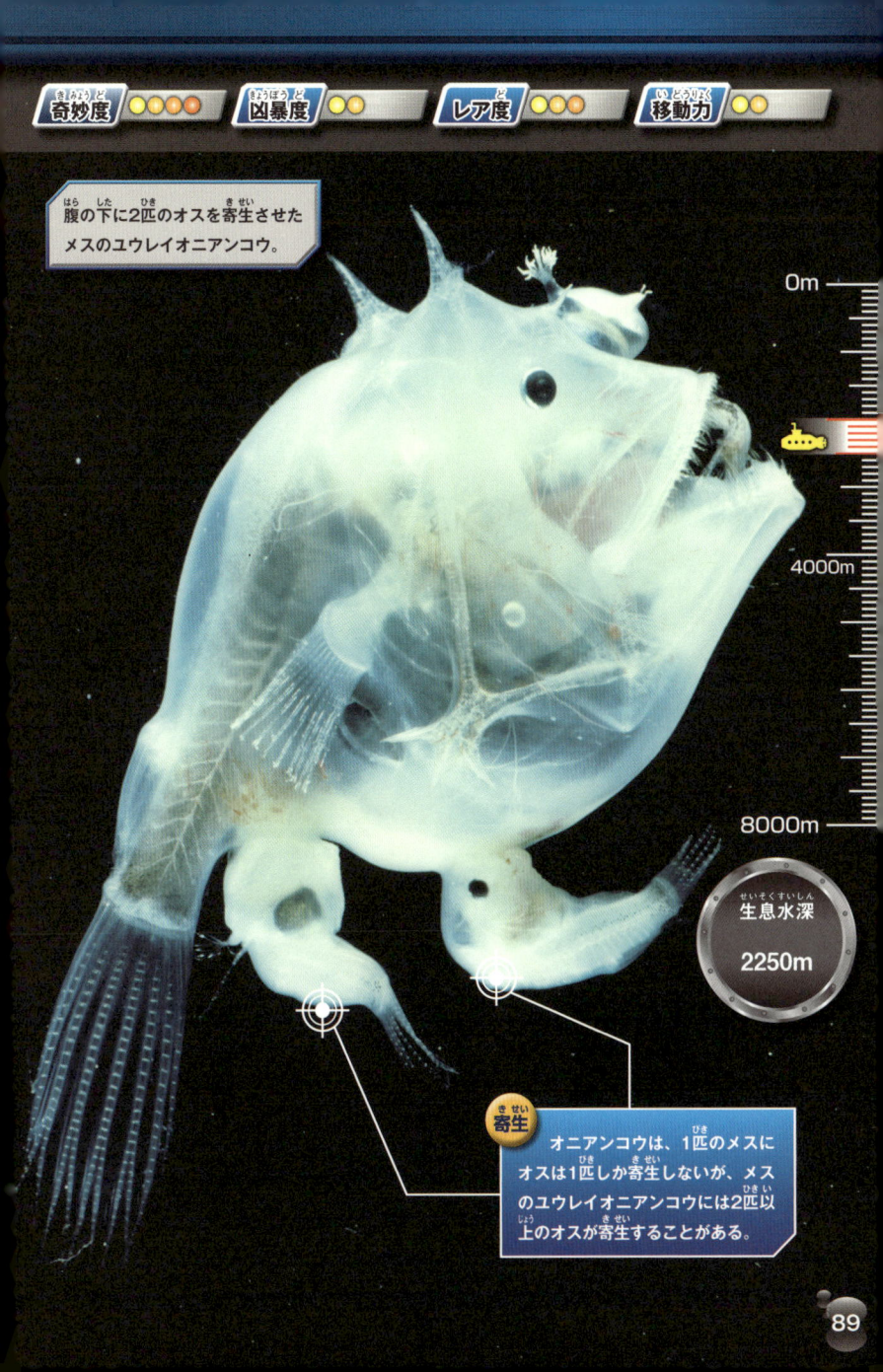

腹の下に2匹のオスを寄生させた
メスのユウレイオニアンコウ。

0m

4000m

8000m

生息水深

2250m

寄生

オニアンコウは、1匹のメスに
オスは1匹しか寄生しないが、メス
のユウレイオニアンコウには2匹以
上のオスが寄生することがある。

魚類

謎多きアンコウの仲間

# サウマティクチス

学名 | *Thaumatichthys axeli*

**奇妙度** ●●●○○　**凶暴度** ●●●○○　**レア度** ●●●○○　**移動力** ●●●○○

0m

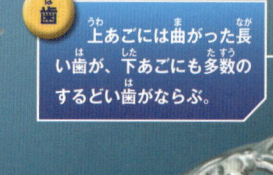

**口**
大きく開いた口にえものが触れると、その刺激によってばねじかけのように口が閉じられる。

4000m

**歯**
上あごには曲がった長い歯が、下あごにも多数のするどい歯がならぶ。

8000m

**生息水深**
**3570m**

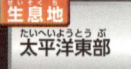
エスカ

**生息地**
太平洋東部

**大きさ**
全長　メス36.5cm
　　　オス3.6cm

大きく突き出した上あごから、エスカと呼ばれるふくらみがぶら下がっている。エスカには発光器があり、これを使ってチョウチンアンコウのようにえものを口の中におびきよせ、食べてしまう。

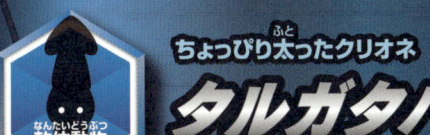

ちょっぴり太ったクリオネ

学名 | *Cliopsis krohni*

# タルガタハダカカメガイ

軟体動物

| 奇妙度 | 凶暴度 | レア度 | 移動力 |
|---|---|---|---|
| ●● | ●● | ●●● | ●● |

0m

4000m

**翼足**
鳥の翼のように
バタバタさせて、泳
ぐことができる。

**歯舌**
貝の仲間の口についている
もので、これをつかって他の生
物をけずりとって食べる。

8000m

**生息水深**
0〜1500m

**生息地**
温・熱帯地域の深海

**大きさ**
全長 4cm

その名の通り、丸い樽型の体型をし
ている。ハダカカメガイ（クリオネ）
が冷たい海でくらしているのに対し
て、こちらは暖かい海にすんでいる。
皮ふは透き通っていて弾力があり、
まさにゼリーのようだ。

91

海の妖精の恐るべき素顔

# ハダカカメガイ

学名 | *Clione limacina*

翼足

手のように見えるが正しくは「翼足」と呼ばれる。これをはばたかせて泳ぐ。

0m

4000m

8000m

生息水深

0〜600m

体

半透明で、胸から腹にかけ、消化器官や内蔵が透けている。

「クリオネ」とも呼ばれるハダカカメガイは、貝の仲間だが海底に降りることはなく、冷たい海の中を泳いだりただよったりして生活している。かわいらしい見た目から「海の天使」「海の妖精」とも呼ばれる。

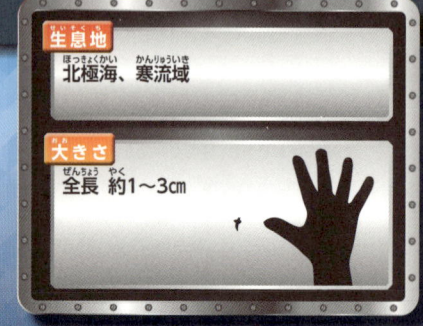

生息地
北極海、寒流域

大きさ
全長 約1〜3cm

パッカル
コーン

食事のときには、頭の先端がバカっと開き、3対の「パッカルコーン」があらわれる。好物のミジンウキマイマイという貝をとらえて身を殻から引きずり出して、中心にはこんで食べる。

## ダンボのような深海ダコ

# ジュウモンジダコ

軟体動物（なんたいどうぶつ）

学名（がくめい） | *Grimpoteuthis hippocrepium*

**0m**

ひれ
外套膜（がいとうまく）のやや後方（こうほう）にあり、大（おお）きくて目立（めだ）つ。

腕（うで）
吸盤（きゅうばん）が1列（れつ）にならび、それに沿（そ）って触毛（しょくもう）が生（は）えている。

**4000m**

**8000m**

生息水深（せいそくすいしん）
500〜1380m

生息地（せいそくち）
太平洋東部（たいへいようとうぶ）、小笠原諸島近海（おがさわらしょとうきんかい）

大（おお）きな耳（みみ）のように見（み）えるものは、耳（みみ）ではなくひれ。8本（ほん）の腕（うで）は「傘膜（さんまく）」でスカートのようにつながっていて、この膜（まく）をゆったりと動（うご）かして羽（は）ばたくように泳（およ）ぐ。海外（かいがい）では「ダンボオクトパス」と呼（よ）ばれる。

大（おお）きさ
全長（ぜんちょう） 8〜10㎝

94

ジュウモンジダコの仲間。さまざまな種が深海に生息しているが、なかには、5000mほどの深さで発見された種もいる。

吸ばんの横にならんだ触毛をセンサーのように使い、えものをさがすと考えられている。

かわいい顔（かお）の深海（しんかい）のアイドル

# メンダコ

学名（がくめい） | *Opisthoteuthis depressa*

**体（からだ）**
平（ひら）たく円（えん）ばんのような形（かたち）をしている。

**ひれ**
耳（みみ）のようなひれをもつ。泳（およ）ぐときはひれをつかって進（すす）む方向（ほうこう）を変（か）える。

**腕（うで）**
1本（ぽん）の腕（うで）に、約（やく）65個（こ）の吸（きゅう）ばんが1列（れつ）にならんでいる。

◀体（からだ）を裏（うら）から見（み）たところ。吸（きゅう）ばんが密集（みっしゅう）しているのがわかる。

ふだんは海底（かいてい）の砂（すな）の中（なか）に体（からだ）をうずめているが、円（えん）ばんのような傘膜（さんまく）を開閉（かいへい）させてゆらゆらと泳（およ）ぐこともある。ほかのタコのようなスミ袋（ぶくろ）はもっていないので、スミをはくことはできない。

**生息地（せいそくち）**
日本近海（にほんきんかい）

**大（おお）きさ**
全長（ぜんちょう） 26cm

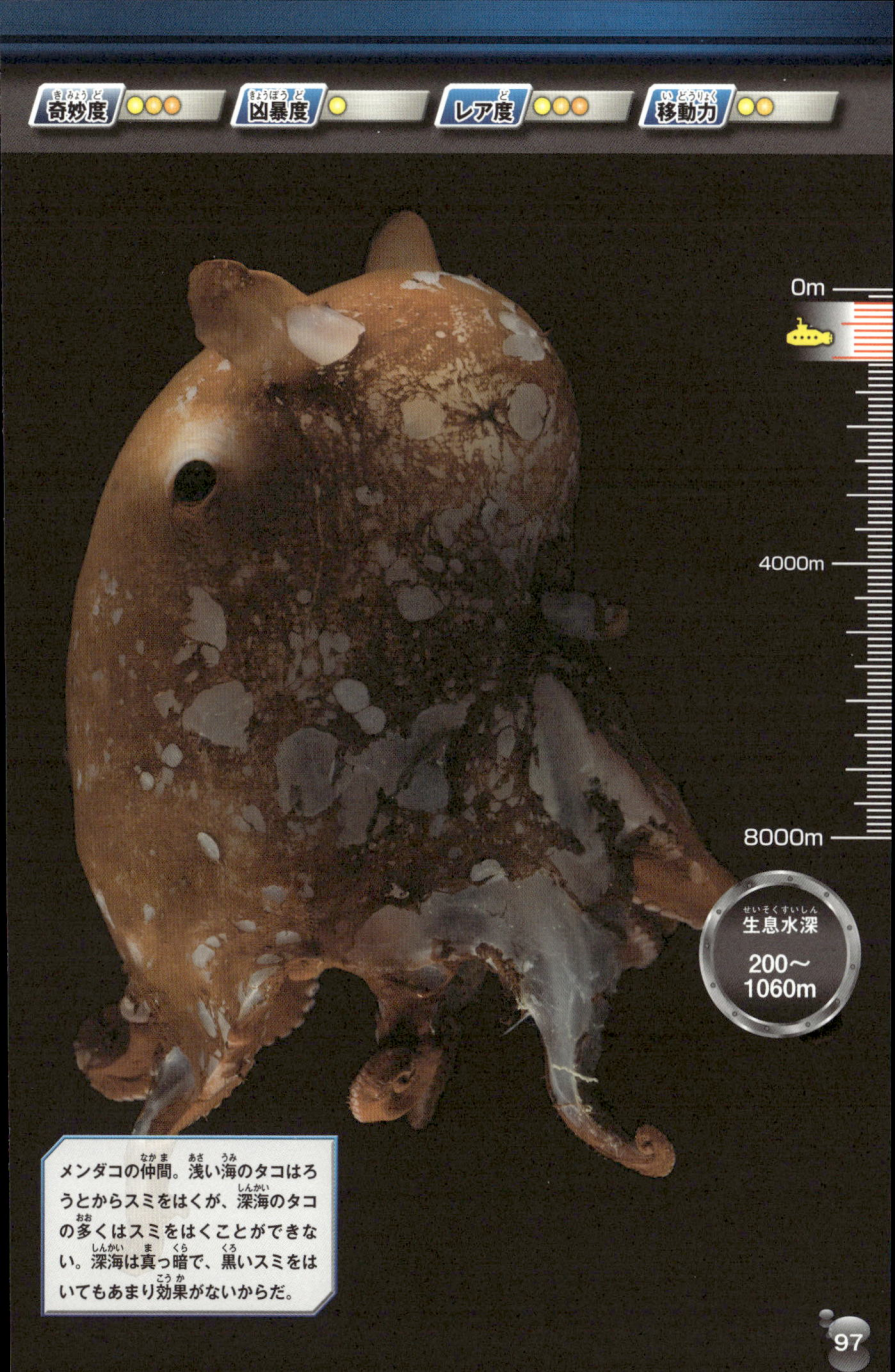

0m

4000m

8000m

生息水深
200〜
1060m

メンダコの仲間。浅い海のタコはろうとからスミをはくが、深海のタコの多くはスミをはくことができない。深海は真っ暗で、黒いスミをはいてもあまり効果がないからだ。

節足動物

まるっこい謎の生物

# ギガントキプリス

学名 | *Gigantocypris muelleri*

**目**
もっとも光を集める能力が高い目をもつ生物として、ギネスブックにも登録されている。

**あし**
腹側の切れ目の奥に、長いあしがおさめられている。

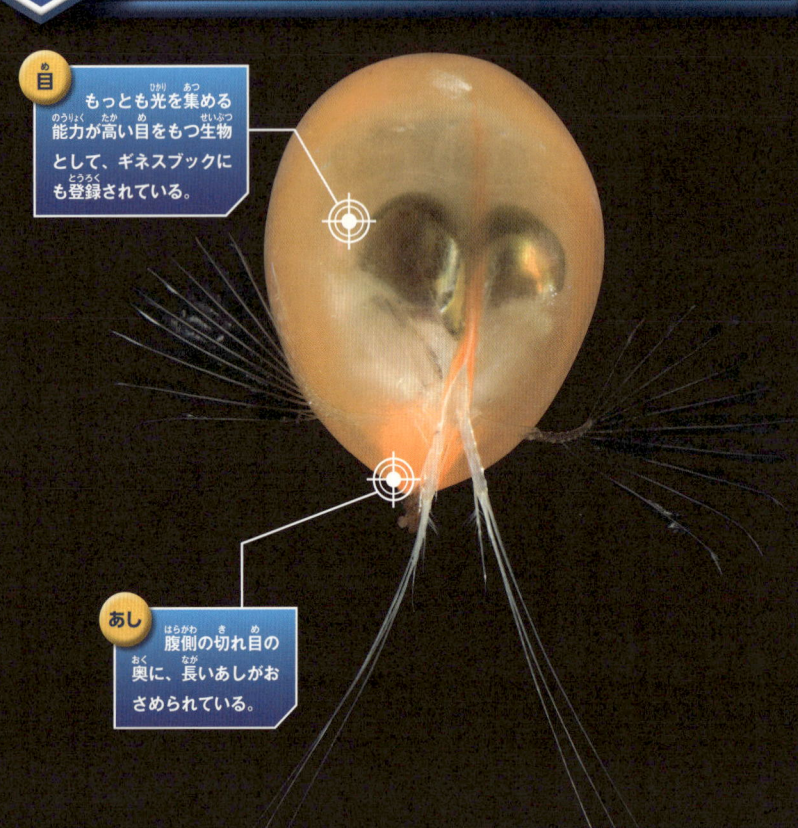

丸いキャンディのように見えるが、実はエビやカニ、ウミホタルなどと同じグループの生き物。よく目立つ金色の目は光を集める高性能のレンズで、深海で生き物が出すわずかな光も見のがさない。

**生息地**
全世界の深海

**大きさ**
全長 1〜2cm

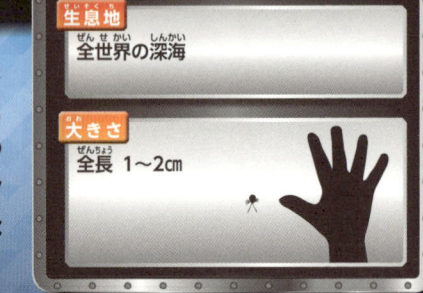

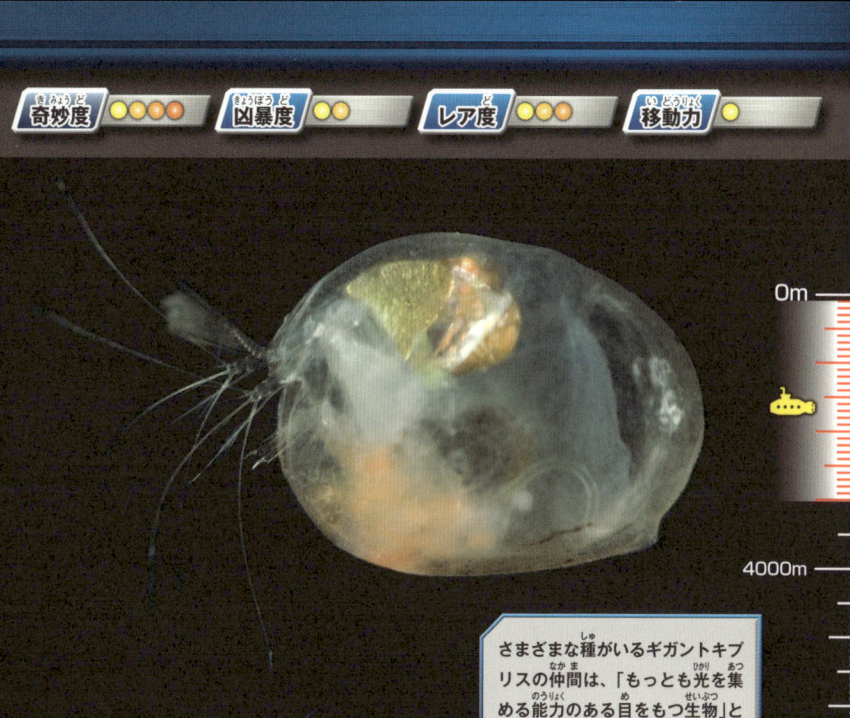

0m

4000m

さまざまな種がいるギガントキプリスの仲間は、「もっとも光を集める能力のある目をもつ生物」として、ギネスブックに認定されている。

8000m

生息水深

100〜
3000m

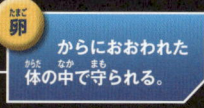

卵 からにおおわれた
体の中で守られる。

刺胞動物（しほうどうぶつ）

無数（むすう）の手（て）をもつふわふわ生物（せいぶつ）

# ダーリアイソギンチャク

学名（がくめい） | *Liponema brevicornis*

奇妙度（きみょうど）●● 凶暴度（きょうぼうど）●● レア度（ど）●●● 移動力（いどうりょく）●

0m

触手（しょくしゅ）
鮮（あざ）やかなピンクやオレンジ色（いろ）の個体（こたい）が多（おお）く、植物（しょくぶつ）のダリアの花（はな）のように見（み）える。触手（しょくしゅ）にえものが触（ふ）れると、毒（どく）でまひさせる。

4000m

8000m

生息水深（せいそくすいしん）
100〜3000m

口（くち）
花（はな）のような触手（しょくしゅ）の奥（おく）に口（くち）がかくれている。

多（おお）くのイソギンチャクの仲間（なかま）は岩（いわ）などに付着（ふちゃく）して、流（なが）れてくるえものを触手（しょくしゅ）でつかまえる。しかし、ダーリアイソギンチャクはどこにも付着（ふちゃく）しないで、潮（しお）の流（なが）れに乗（の）ってコロコロとボールのように移動（いどう）する。

生息地（せいそくち）
太平洋（たいへいよう）など

大（おお）きさ
全長（ぜんちょう） 20〜30㎝
（触手（しょくしゅ）をのばした状態（じょうたい）で）

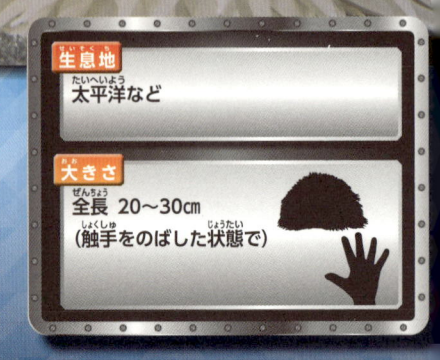

無数のあしをもつうねうね生物

# オヨギゴカイ

学名 | *Tomopteris pacifica*

奇妙度 ●●●○ 　凶暴度 ●●○○ 　レア度 ●●○○ 　移動力 ●●●○

0m

**卵**
長いいぼ足の中に卵を収める。

**目**
両脇からさらに細長い突起が触角のようにのびている。

4000m

8000m

**顔**
先端には長く飛び出した角のような突起があり、その根元に小さな目がある。

**生息水深**

500〜
700m

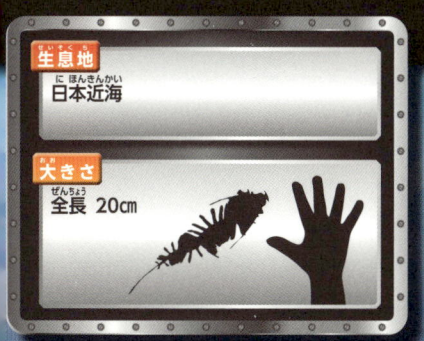

**生息地**
日本近海

**大きさ**
全長 20cm

体は平べったく透き通っていて、約22対のいぼ足をもつ。オールのような形のいぼ足を交互に動かして、水中をはうようにして泳ぐ。ストレスをうけると、いぼ足から黄色の発光物質を放出する。

刺胞動物

宇宙船のような赤いクラゲ

# ハッポウクラゲ

学名 | Aeginura grimaldii

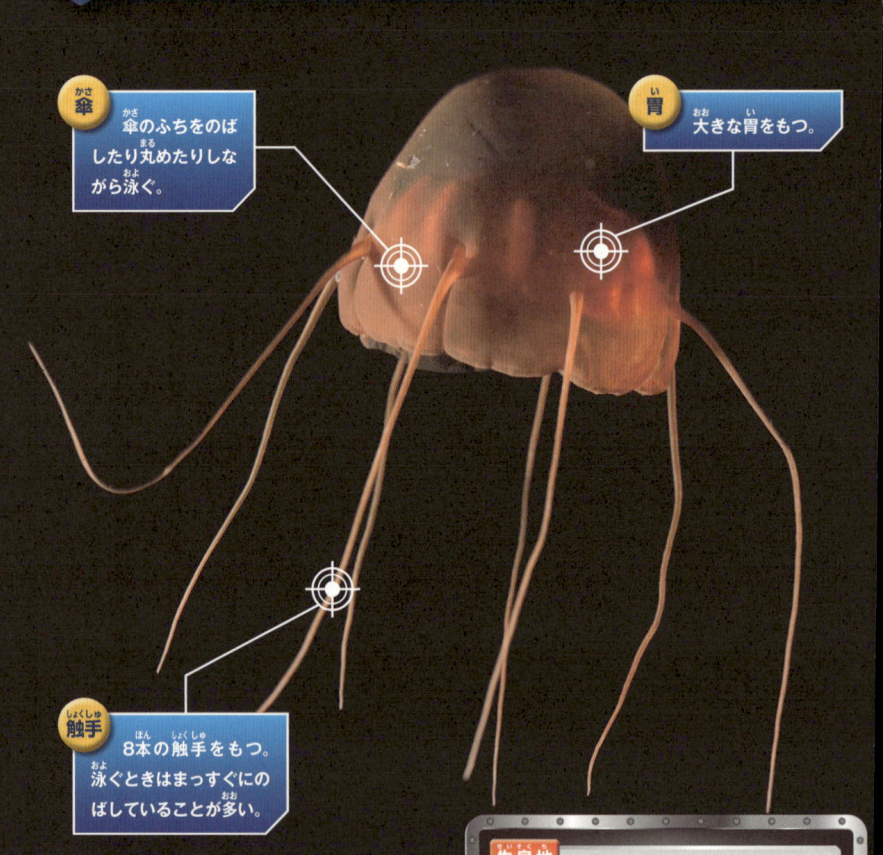

**傘**
傘のふちをのばしたり丸めたりしながら泳ぐ。

**胃**
大きな胃をもつ。

**触手**
8本の触手をもつ。泳ぐときはまっすぐにのばしていることが多い。

まるで宇宙船のような形をした赤茶色のクラゲ。赤茶色は深海では黒っぽく見えるので、敵から姿を見つけられにくい。胃も赤茶色で、取りこんだえものが胃の中で光ってもわからないようになっている。

**生息地**
全世界の深海

**大きさ**
傘の直径 約4.5cm

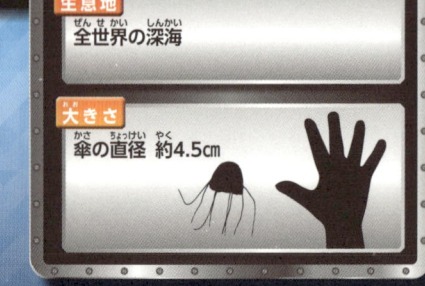

ハッポウクラゲに近い仲間には、触手が4本のものや、2本のものもいる。ハッポウクラゲは8本の触手を八方へのばせることからその名がついた。

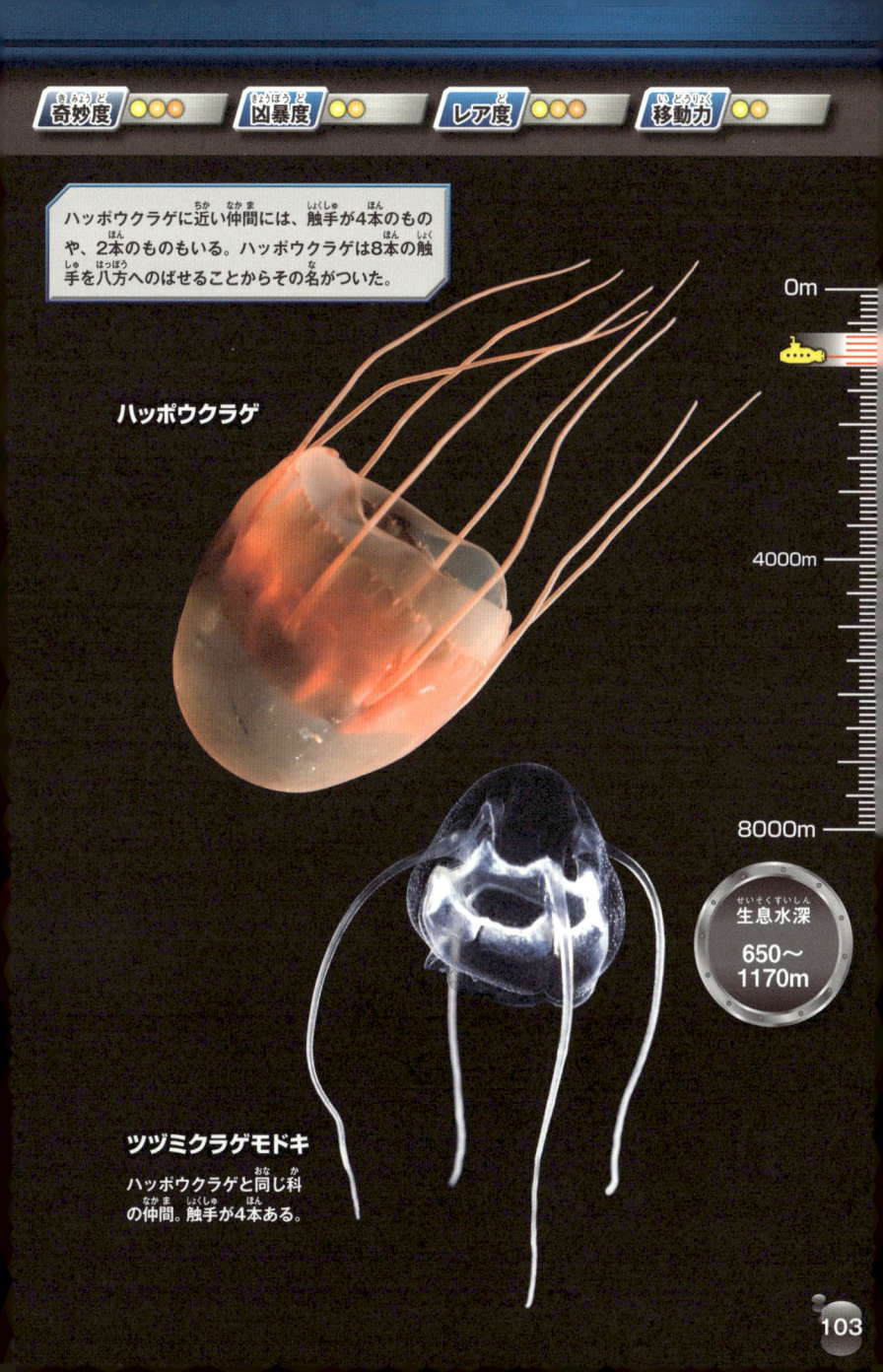

**ハッポウクラゲ**

0m

4000m

8000m

生息水深
650〜
1170m

**ツヅミクラゲモドキ**
ハッポウクラゲと同じ科の仲間。触手が4本ある。

ハープのような謎（なぞ）の生物（せいぶつ）

# コンドロクラディア・リラ

学名（がくめい） | *Chondrocladia lyra*

奇妙度（きみょうど） ●●●●○
凶暴度（きょうぼうど） ●●○○
レア度（ど） ●●●●●
移動力（いどうりょく） ●○○○○

0m

**体（からだ）**
海流（かいりゅう）と接（せっ）する体（からだ）の面積（めんせき）をふやすために、ハープのような枝（えだ）をもつ。

**枝（えだ）**
立（た）ち上（のぼ）る枝（えだ）の長（なが）さは30cm前後（ぜんご）で、その数（かず）も個体（こたい）によってさまざま。

4000m

8000m

**羽根（はね）**
羽根（はね）は2枚（まい）のものや6枚（まい）のものなど、個体（こたい）によってさまざま。

**生息水深（せいそくすいしん）**
3240〜3450m

長（なが）い根（ね）のような部分（ぶぶん）から、まるでハープの弦（げん）のような枝（えだ）が無数（むすう）に生（は）えている。枝（えだ）の先（さき）にはマジックテープのようなフックがついていて、これで小（ちい）さなエビやカニ類（るい）を引（ひ）っかけて食（た）べてしまう肉食海綿（にくしょくかいめん）だ。

**生息地（せいそくち）**
アメリカ・カリフォルニア周辺（しゅうへん）の深海（しんかい）

**大（おお）きさ**
枝（えだ）の長（なが）さ
約（やく）26〜37cm

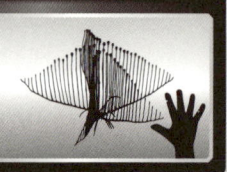

海綿動物（かいめんどうぶつ）

不思議（ふしぎ）なピンポンツリー

# エダネカイメン

学名（がくめい） | *Chondrocladia lampadiglobus*

奇妙度（きみょうど）●●●●○
凶暴度（きょうぼうど）●○○○○
レア度（ど）●●●○○
移動力（いどうりょく）●○○○○

0m

球状部（きゅうじょうぶ）
白（しろ）っぽくて半透明（はんとうめい）。

4000m

8000m

体（からだ）
根元（ねもと）は岩（いわ）などに
くっついている。

生息水深（せいそくすいしん）
2600〜
3000m

### 生息地（せいそくち）
アメリカ・カリフォルニア周辺（しゅうへん）の深海（しんかい）

### 大きさ（おおきさ）
全長（ぜんちょう）50㎝

枝分（えだわ）かれした体（からだ）の先（さき）にピンポン玉（だま）のような球体（きゅうたい）がついていて、「ピンポンツリースポンジ」とも呼（よ）ばれる。球体（きゅうたい）の表面（ひょうめん）には小（ちい）さなかぎ状（じょう）の突起（とっき）があり、これで流（なが）れてくる生（い）き物（もの）を確実（かくじつ）にとらえて食（た）べる。

棘皮動物（きょくひどうぶつ）

透明（とうめい）な深海（しんかい）ナマコ

# センジュナマコ

学名（がくめい） | Scotoplanes globosa

| 奇妙度（きみょうど） | 凶暴度（きょうぼうど） | レア度（ど） | 移動力（いどうりょく） |
|---|---|---|---|

0m

4000m

8000m

いぼ足（あし）
センサーのように使（つか）い、周囲（しゅうい）の様子（ようす）を探（さぐ）っていると考（かんが）えられている。

管足（かんそく）
5〜7対（つい）の太（ふと）い管足（かんそく）をもち、これで海底（かいてい）を歩（ある）く。

口（くち）
先（さき）が細（こま）かく枝分（えだわ）かれした10本（ぼん）の触手（しょくしゅ）をもつ。

生息水深（せいそくすいしん）
540〜6700m

細長（ほそなが）く、寒天（かんてん）のように透（す）き通（とお）った体（からだ）をもつナマコ。背中（せなか）には、触手（しょくしゅ）のような長（なが）いいぼ足（あし）がある。口（くち）のまわりの10本（ぼん）の触手（しょくしゅ）で海底（かいてい）の泥（どろ）などを集（あつ）めて、そこにふくまれる有機物（ゆうきぶつ）を食（た）べている。

生息地（せいそくち）
全世界（ぜんせかい）の深海（しんかい）

大（おお）きさ
全長（ぜんちょう）　約（やく）7〜8cm

産毛があるのにハゲと呼ばれる

# ハゲナマコ

棘皮動物

学名 | *Pannychia moseleyi*

奇妙度 ●●○
凶暴度 ●
レア度 ●●○
移動力 ●

0m

4000m

8000m

**体**
体は細長い筒のような形。ヒゲのようないぼ足は、種によって長さがちがう。

**腹面**
お腹の両わきに1列ずつ、多くの管足がならぶ。

**生息水深**
200〜2600m

**生息地**
太平洋

**大きさ**
全長 30㎝

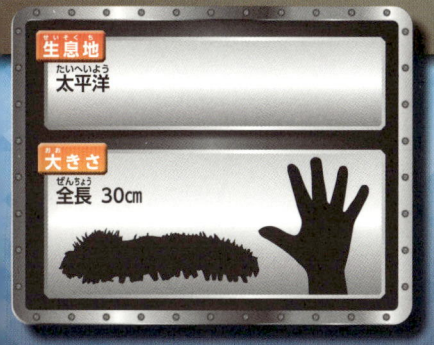

ハゲナマコという名前だが、背中にはまばらなヒゲのようないぼ足がならんでおり、けっしてハゲているわけではない。日本近海では、水深700〜1200mの海底で群がっているハゲナマコが観察されている。

# 深海の最深部にいる生物は？

## 驚きの能力をもつ超深海生物

多くの深海生物たちのエネルギー源になるのは、おもに浅い海から落ちてくるマリンスノー（小さい動物のふんや死骸など）だ。基本的には、深ければ深いほど落ちてくるマリンスノーの量はへるので、深海の深い場所にいくほど生息する生物の数は少なくなる。深海の最深部・マリアナ海溝のチャレンジャー海淵（水深約10900m地点）は、とても過酷な環境だが、そんな場所にもちゃんと生物がくらしている。

チャレンジャー海淵に大量に生息しているのが、カイコウオオソコエビだ。このエビはなんと、植物のかたい繊維を分解して栄養にできる、世界でただひとつの消化酵素を持っている。海面から長い時間をかけて超深海にやってきた木くずやかれ葉などを食べて生きているようだ。

また、超深海でくらす魚類としては、日本海溝の水深7703mで多数のチヒロクサウオが観察されている。この魚の生態にはまだ謎が多いが、超深海で生きのびるための秘密をかくしているにちがいない。

▲水深7703mで見つかったチヒロクサウオは、ぷよぷよの体をもつクサウオの仲間。

▲2009年のチャレンジャー海淵の調査では、一度に185匹のカイコウオオソコエビが捕獲された。

押しくらまんじゅう

# 大群

深海生物

熱水にむらがる太いチューブ
ねっすい　　　　　　　　ふと

# ガラパゴスハオリムシ

学名 | *Riftia pachyptila*
がくめい

**エラ**
管の中に引っこめることもある。赤い色は体液中のヘモグロビン。自分には酸素を、体内の微生物には硫化水素を、同時に取り入れることができる。

**管**
くだ
直径2〜3㎝で、最長3mにもなる。ハオリムシ類最大種。
ちょっけい　　　　　　　さいちょう

**生息地**
せいそくち
東太平洋の熱水噴出域
ひがしたいへいよう　ねっすいふんしゅついき

**大きさ**
おお
全長 約3m
ぜんちょう　やく

ガラパゴス諸島沖の熱水噴出域から見つかった、とても奇妙な生物。長さ2mを超える白い管から真っ赤なエラがのぞく。口や肛門をもたず、体内にすむ微生物が硫化水素を使ってつくる栄養だけで生きている。

1977年、ガラパゴス諸島沖の熱水噴出域から、アメリカの潜水調査船「アルビン号」によって発見された。何も食べずに生きられる動物として注目を集め、"20世紀の大発見！"と言われた。

0m

4000m

8000m

生息水深

2000〜
2670m

魚類（ぎょるい）

日本（にほん）の浜辺（はまべ）に大量発生（たいりょうはっせい）!

# キュウリエソ

学名（がくめい） | *Maurolicus japonicus*

0m

4000m

8000m

体色（たいしょく）
背中（せなか）は黒（くろ）っぽく、腹側（はらがわ）は銀色（ぎんいろ）。

目（め）
体（からだ）のわりには大（おお）きな目（め）をもつ。

発光器（はっこうき）
体（からだ）の下側（したがわ）には小（ちい）さな発光器（はっこうき）がならぶ。

生息水深（せいそくすいしん）
50〜300m

日本（にほん）のまわりにもすむ小型（こがた）の深海魚（しんかいぎょ）。テンガンムネエソ（→P.51）などと同（おな）じように、腹部（ふくぶ）の発光器（はっこうき）を光（ひか）らせることにより、下（した）から見（み）たときに見（み）えるかげを消（け）している。新鮮（しんせん）なものはキュウリのにおいがする。

生息地（せいそくち）
太平洋（たいへいよう）（日本近海（にほんきんかい）、ハワイ諸島周辺（しょとうしゅうへん））

大（おお）きさ
全長（ぜんちょう） 5cm

2012年2月、島根県隠岐の島町の海岸に、約500mにわたって数十万から百万匹のキュウリエソが打ち上げられ、話題になった。

たくさんつながった大家族（だいかぞく）

# トガリサルパ

学名（がくめい） | *Salpa fusiformis*

**内臓（ないぞう）**
赤味（あかみ）がかった内臓（ないぞう）が透（す）けて見（み）える。

**体（からだ）**
寒天質（かんてんしつ）の体（からだ）はクラゲのようだが、ホヤの仲間（なかま）。

**行動（こうどう）**
ホヤの仲間（なかま）は岩（いわ）などにくっついて生活（せいかつ）するものが多（おお）いが、トガリサルパは海中（かいちゅう）を泳（およ）ぎまわる。

サルパは透明（とうめい）で、ゼリーのような体（からだ）をもつホヤの仲間（なかま）。この仲間（なかま）は自分（じぶん）のクローンをつくりだし、クローンどうしでつながって生活（せいかつ）する。大量（たいりょう）に発生（はっせい）して網（あみ）をやぶるなど、漁業（ぎょぎょう）に影響（えいきょう）をあたえることもある。

**生息地（せいそくち）**
全世界（ぜんせかい）の深海（しんかい）

**大（おお）きさ**
全長（ぜんちょう）最大（さいだいやく）約5㎝（単体（たんたい））
群体（ぐんたい）の長（なが）さは4～5m

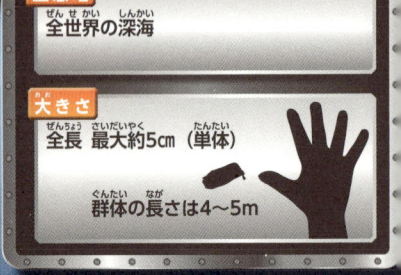

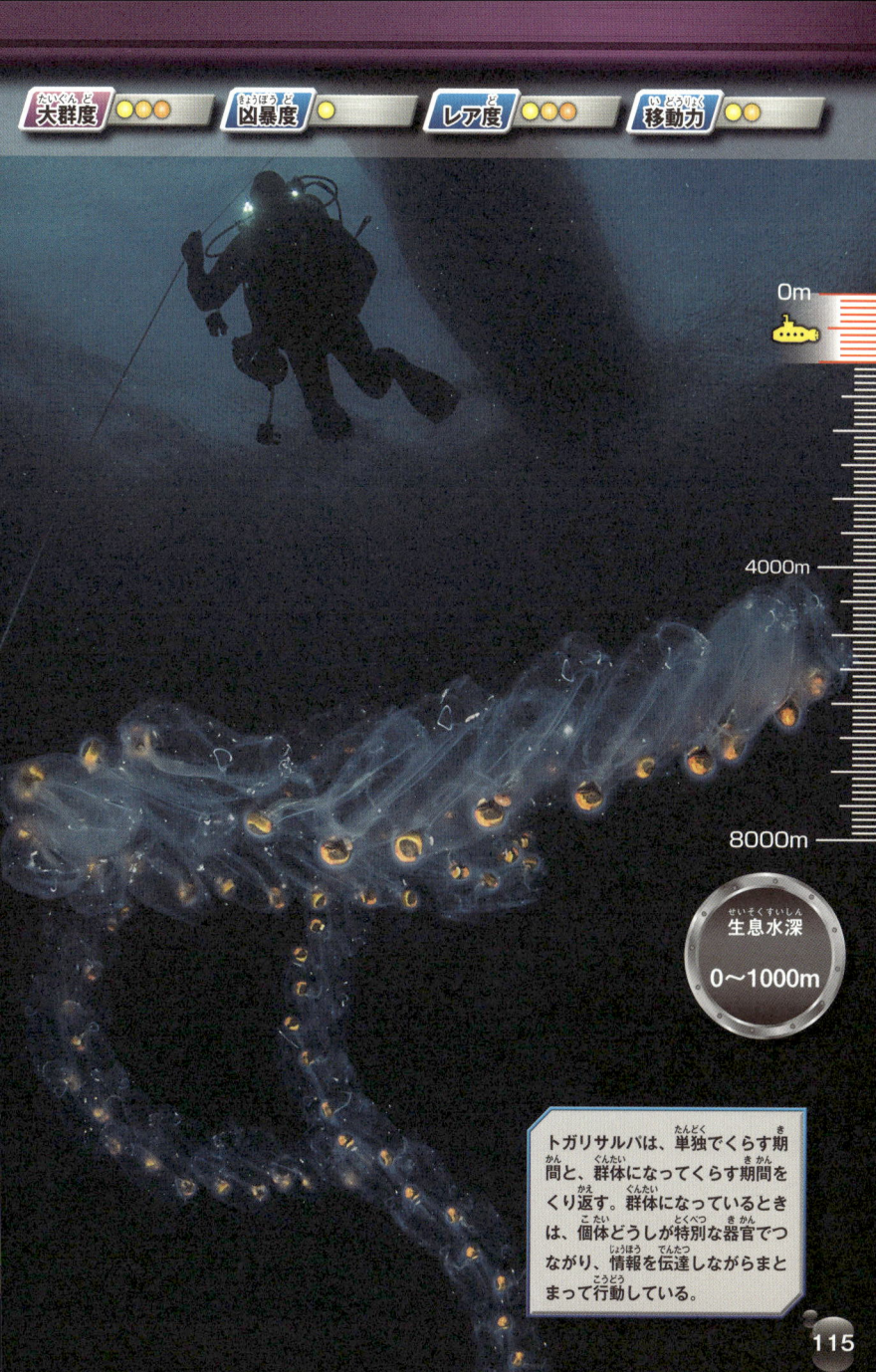

0m

4000m

8000m

生息水深

0〜1000m

トガリサルパは、単独でくらす期間と、群体になってくらす期間をくり返す。群体になっているときは、個体どうしが特別な器官でつながり、情報を伝達しながらまとまって行動している。

115

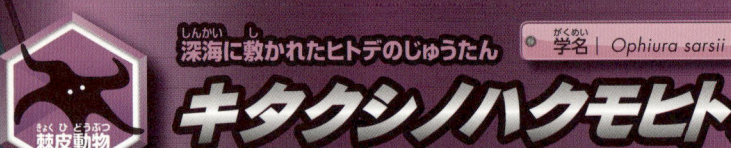

棘皮動物

深海に敷かれたヒトデのじゅうたん

# キタクシノハクモヒトデ

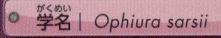
学名 | *Ophiura sarsii*

大群度 ●●●
凶暴度 ●●
レア度 ●●
移動力 ●

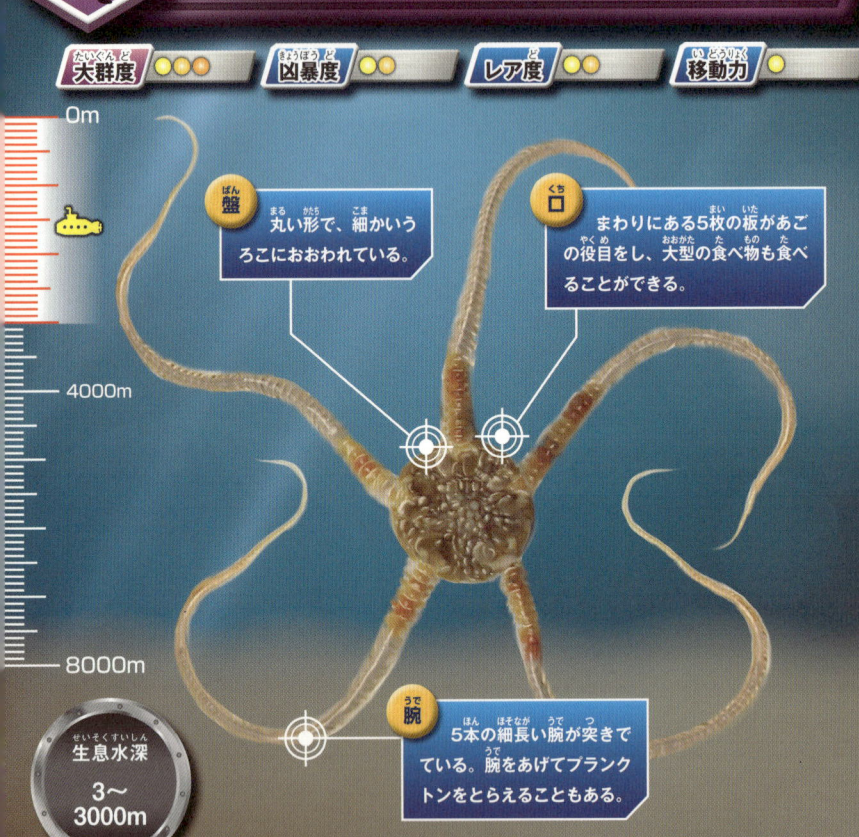

0m

4000m

8000m

盤
丸い形で、細かいうろこにおおわれている。

口
まわりにある5枚の板があごの役目をし、大型の食べ物も食べることができる。

腕
5本の細長い腕が突きでている。腕をあげてプランクトンをとらえることもある。

生息水深
3〜
3000m

日本海や東北日本の太平洋岸では、海底に足の踏み場もないくらい大群でくらしている。ふだんは海底につもったほかの生物の食べ残しなどを食べているが、小型のエビや魚をとらえて食べることもある。

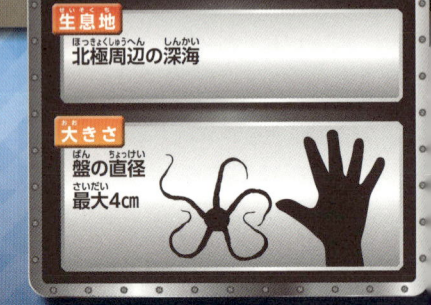

生息地
北極周辺の深海

大きさ
盤の直径
最大4㎝

刺胞動物

ひとりに見える集団生活

# バレンクラゲ

学名 | *Physophora hydrostatica*

大群度 ●●

凶暴度 ●●

レア度 ●●●

移動力 ●

**泳鐘部**
体の上部は「泳鐘部」という、泳ぎを担当する部分。先端には浮き袋の役割をもつ「気泡体」がある。

**栄養部**
体の下の部分は「栄養部」といい、えものをとらえる個虫や、食べたものを消化する個虫などが集まっている。

**感触体**
太い棒状で、栄養体などの個虫を守るようにとり巻いている。

0m

4000m

8000m

**生息水深**

700〜1000m

**生息地**
日本近海

**大きさ**
全長 約4cm

クダクラゲの仲間。クダクラゲ類は1つの個体のように見えるが、実は小さな個虫が集まって群体になっている。バレンクラゲはクダクラゲの中でもっとも進化した種とも言われ、かなりすばやく泳ぎまわる。

節足動物

カリフォルニアに大発生!!

# コシオリエビ

学名 | *Pleuroncodes planipes*

**0m**

**はさみ**
体よりも長い1対
のはさみをもつ。

**腹部**
長く、普段はふた
つに折り曲げている。

**4000m**

**尾部**
先端は、イセエ
ビなどと同じような
おうぎ状になる。

**8000m**

**あし**
はさみを含め4対しか見えな
いが、実は5対ある。最後の1対
は甲らの中にかくれている。

生息水深
**0〜300m**

その体色から「赤いカニ」と呼ばれて
いるが、カニの仲間ではなく、ヤド
カリの仲間。カリフォルニア湾では
マグロに食べられていることが多い
ので、「マグロガニ」とも呼ばれる。

生息地
**太平洋西部**

大きさ
甲らの長さ
**3cm**

コシオリエビは陸（りく）からはなれた海（うみ）で大発生（だいはっせい）して、大（おお）きな群（む）れをつくることがある。カリフォルニアなどで、その群（む）れが深海（しんかい）から海流（かいりゅう）に乗（の）って海岸（かいがん）に大量（たいりょう）に打（う）ちあげられた。

# ゴエモンコシオリエビ

深海の熱水にむらがるゴエモン

学名 | Shinkaia crosnieri

**触角**
退化した目のかわりにりっぱな触角がのび、まわりの情報を得ている。

**あご**
あごのそばにはあごあしがあり、その先のくし状の歯で毛をなでて、細菌を口に運ぶ。

0m

4000m

8000m

**生息水深**

700〜1600m

**目**
触覚の両脇に、直角三角形のトゲのような突起が一対あり、それが目の名残。

熱水噴出域で海底表面をおおいつくすほどの集団で生息する。体に生えた毛の中に、熱水にふくまれる硫化水素やメタンを取りこんで増殖する細菌を飼っていて、この細菌を食べている。

**生息地**
沖縄トラフの熱水噴出域

**大きさ**
甲らの長さ
5cm

ゴエモンの名は、釜でぐらぐらゆでられた盗賊、「石川五右衛門」の伝説からとられた。いつも熱水がふきだしているところにいることから名付けられた。

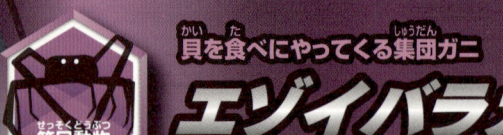

貝を食べにやってくる集団ガニ

節足動物

学名 | *Paralomis multispina*

# エゾイバラガニ

| 大群度 | 凶暴度 | レア度 | 移動力 |
|---|---|---|---|
| ●●● | ●●● | ●● | ●● |

0m

**体** 甲らやあしは多数のトゲでおおわれている。

**とげ** 若い時期には長いが、成長にともなって短くなる。

4000m

8000m

**身** バターのような独特な香りをもつので静岡県の焼津などでは「ミルクガニ」と呼ばれ、食べられている。

生息水深
600〜
1600m

熱水噴出域に大群で生息する。同じ地帯に大量にいるシロウリガイなどの貝がらをこじ開けて食べる。また、マッコウクジラの死体の頭部の骨に群がって食べるようすも観察されている。

**生息地** 相模湾、沖縄トラフなどの熱水噴出域

**大きさ** 甲らのはば 12cm

軟体動物（なんたいどうぶつ）

鉄のウロコをもつ生物（てつのウロコをもつせいぶつ）

# ウロコフネタマガイ

学名（がくめい） | *Chrysomallon squamiferum*

大群度（たいぐんど） ●●● 凶暴度（きょうぼうど） ● レア度（ど） ●●●● 移動力（いどうりょく） ●●

0m

4000m

8000m

**あし**
裏側（うらがわ）は他（ほか）の巻貝（まきがい）のようにやわらかい。

**うろこ**
硫化鉄（りゅうかてつ）がふくまれているかたいうろこで、捕食者（ほしょくしゃ）のカニからあしを守（まも）っている。貝類（かいるい）ではゆいいつうろこをもっている。

生息水深（せいそくすいしん）
**2420〜2430m**

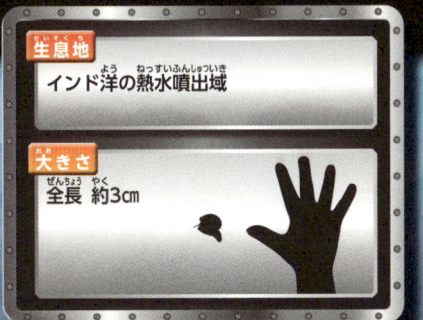

**生息地（せいそくち）**
インド洋（よう）の熱水噴出域（ねっすいふんしゅついき）

**大（おお）きさ**
全長（ぜんちょう）約（やく）3㎝

英語（えいご）では「スケーリーフット（うろこのあるあし）」と呼（よ）ばれる。その名（な）のとおり、黒（くろ）いうろこをあしにびっしりとつけている。岩（いわ）などにはりつくと、からとうろこでおおわれて、捕食者（ほしょくしゃ）から身（み）を守（まも）ることができる。

大量にあらわれる深海の貝

学名 | *Bathymodiolus japonicas*

# シンカイヒバリガイ

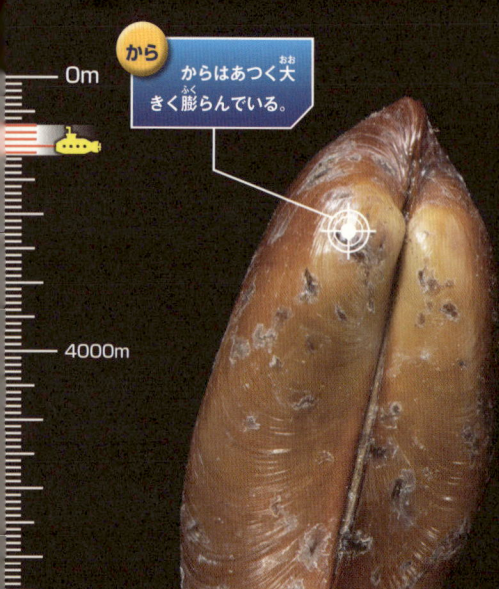

0m

4000m

8000m

**から** からはあつく大きく膨らんでいる。

**表面** 熱水の影響を強く受ける場所にすむ個体は、貝がらの表面が白くなっているものもいる。

生息水深

705〜1170m

シンカイヒバリガイ類は熱水噴出孔や冷水湧出帯に生息する。あついエラをもち、エラにはたくさんの細菌が共生していて、その細菌がつくり出すエネルギーで特殊な環境の中で生きぬいている。

**生息地** 相模湾、沖縄トラフなどの熱水噴出域

**大きさ** 全長 約6㎝

たくさんのシンカイヒバリガイが、足糸（そくし）という糸（いと）を出して、熱水（ねっすい）噴出孔（ふんしゅつこう）や岩肌（いわはだ）にくっついている。まわりにはコシオリエビの仲間（なかま）もたくさんいる。

125

軟体動物

からに毛の生えた巻き貝

# アルビンガイ

学名 | *Alviniconcha hessleri*

大群度 ●●●○
凶暴度 ●
レア度 ●●●○
移動力 ●

0m

4000m

8000m

**から** 弾力性があり、らせん状に毛がならんでいる。上部は平らになっているものが多い。

生息水深
1400〜
3630m

アメリカの深海調査船にちなんで名づけられた巻き貝。熱水域に大群で生息している。からの表面には毛が生えていて、乾燥するとバラバラに割れてしまう。内臓に細菌を共生させていて、細菌から栄養を得ている。

**生息地**
マリアナトラフの熱水噴出域

**大きさ**
全長 約5cm

126

海底に群がる真っ白な貝

# シロウリガイ

学名｜*Calyptogena soyoae*

| 大群度 | ●●● |
| 凶暴度 | ● |
| レア度 | ●●● |
| 移動力 | ● |

0m

**体**
エラが赤い。エラの中には、硫黄酸化細菌が共生している。

**から**
ぶあつく、だ円形のからをもつ。

4000m

8000m

**生息水深**
750〜1200m

**生息地**
相模湾などの湧水域

**大きさ**
全長 約11cm

からの表面は白く、からを開くと赤い血液と大きなエラが目立つ。相模湾の海底などの湧水域に生息しているが、熱水噴出域にすむ貝と同じく、エラに共生している細菌から栄養をもらって生きている。

# なにも食べずに生きる動物？

## えものが少ない世界で進化した驚異の動物！

植物は、太陽光、水、二酸化炭素から光合成をし、動かずに養分を作って生長することができる。いっぽう動物は動きまわって、養分になるえものを食べないと生きていけない。動物と植物のちがいのひとつはこのように考えられてきた。

ところが1977年、ガラパゴス諸島周辺の深海から、そんな常識をくつがえす驚きの深海生物が発見された。それが、熱水噴出孔のまわりに生息するハオリムシだ！ この動物はまるで植物のようにじっと動かず、口も消化管も肛門ももたない。では、どうやって生きているのか？

実は、海底火山で噴出する硫黄を養分にする細菌を体内に飼っているのである。ハオリムシは体内に硫黄（硫化水素）を取りこんでこの細菌に渡し、かわりに養分を作ってもらっていたのだ！

これは植物以外で栄養を独自に作り出せる生物として、これまでの科学の常識をくつがえす発見となった。深海には太陽光が届かず、光合成ができる植物がいないため、ふつうの生物では考えられないような進化が必要だったのだろう。今後、さらに驚くべき生物が深海から発見される可能性も高い。

熱水噴出孔のまわりはこんな世界。ハオリムシのほか、未知のカニや貝など、意外にも多くの生物が確認されている。

# <ruby>驚<rt>おどろ</rt></ruby>きのくらし

# ふしぎ

## <ruby>深<rt>しん</rt></ruby> <ruby>海<rt>かい</rt></ruby> <ruby>生<rt>せい</rt></ruby> <ruby>物<rt>ぶつ</rt></ruby>

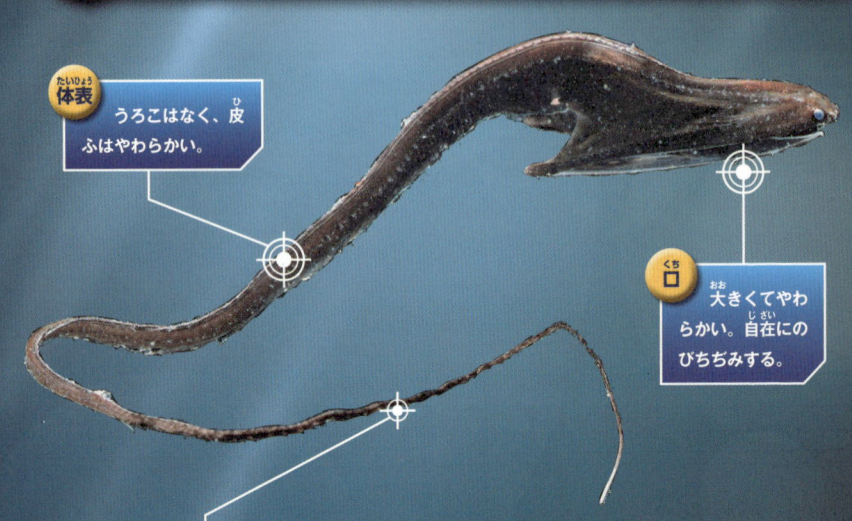

細い体だけどなんでもまる飲み！

# フクロウナギ

学名 | *Eurypharynx pelecanoides*

**体表**
うろこはなく、皮ふはやわらかい。

**口**
大きくてやわらかい。自在にのびちぢみする。

**尾**
尾びれはなく、先にヘラのような発光器がある。発光器の使われ方はよくわかっていない。

えものを食べると体がふくらむ。

とても長く大きな口を持つが、歯は小さい。大きなえものをとらえるのではなく、口を袋のように大きく広げて待ちかまえ、海水とともに流れこんでくる小型の魚やエビ・カニなどを食べている。

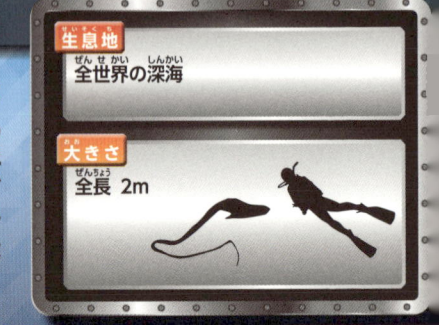

**生息地**
全世界の深海

**大きさ**
全長 2m

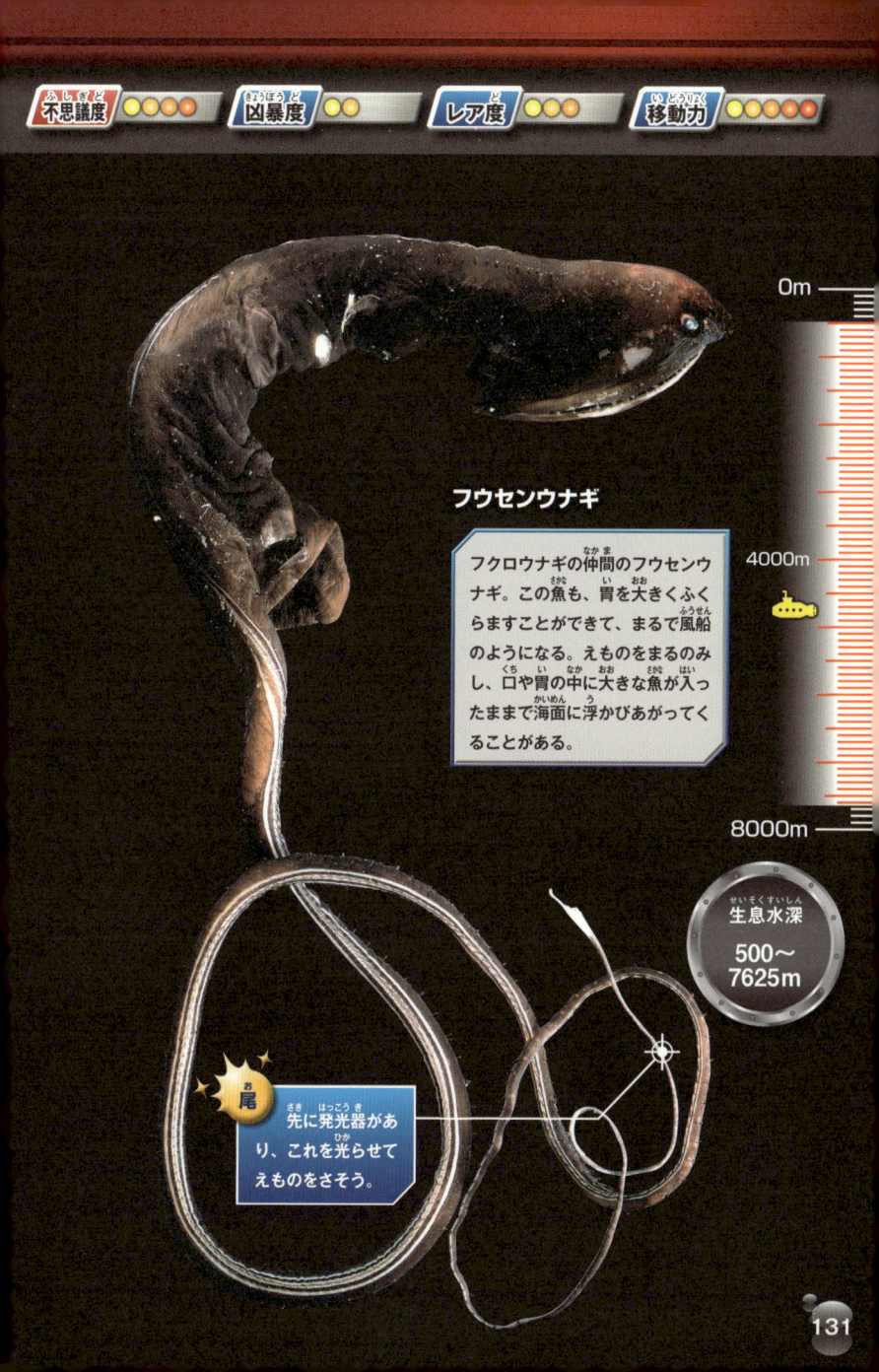

**フウセンウナギ**

フクロウナギの仲間のフウセンウナギ。この魚も、胃を大きくふくらますことができて、まるで風船のようになる。えものをまるのみし、口や胃の中に大きな魚が入ったままで海面に浮かびあがってくることがある。

0m

4000m

8000m

生息水深

500〜
7625m

お尾
先に発光器があり、これを光らせてえものをさそう。

131

魚類

鳥のようなくちばしをもつウナギ

# シギウナギ

学名 | Nemichthys scolopaceus

不思議度 ●●●○○　凶暴度 ●○○　レア度 ●●○○○　移動力 ●○

0m

4000m

8000m

**体**
うろこはなく、ひものように細長い。体色は茶色のものと白色のものがいて、生息地によってちがう。

**あご**
前部で上下に曲がっているので、口元でしかかみ合うことができない。

**生息水深**
300〜2000m

水中ではおもに体を縦にして立ち泳ぎをする。長いくちばしでエビなどをとらえて食べる。深海調査に使ったロープを引き上げたところ、くちばしが引っかかってしまったシギウナギが揚がってきた例がある。

**生息地**
温〜熱帯地域の深海

**大きさ**
全長 140㎝

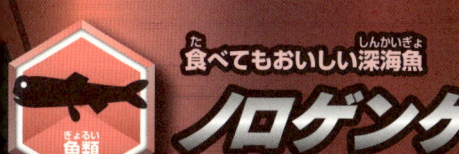

食べてもおいしい深海魚

# ノロゲンゲ

学名 | *Bothrocara hollandi*

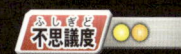

魚類

| 不思議度 ●● | 凶暴度 ● | レア度 ●● | 移動力 ●● |

0m

**体型**
ウナギのように細長い。尾びれは背びれ、しりびれとつながっている。

**体**
筋肉や骨があまり発達していない。体を軽くして、水中で浮くためのエネルギーを節約している。

4000m

8000m

**粘液**
全身がゼリーのような粘液におおわれている。ぬるぬるした食感で、お吸い物などにするとおいしい。

**生息水深**
140〜1980m

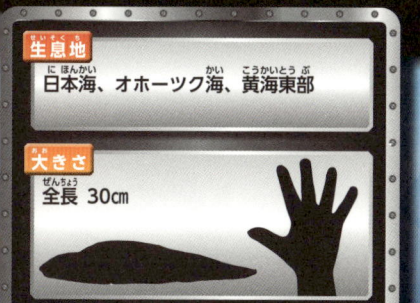

**生息地**
日本海、オホーツク海、黄海東部

**大きさ**
全長 30㎝

体はやわらかく、ヌルヌルしている。深海の砂の中でエネルギーを節約しながらくらしている。底びき網でズワイガニなどといっしょにとらえられることが多く、食材として料理に使われることもある。

魚類（ぎょるい）

深海（しんかい）を泳（およ）ぐ生（い）きた化石（かせき）

# シーラカンス

学名（がくめい） | *Latimeria chalumnae*

うろこ
表面（ひょうめん）にかたいとげや突起（とっき）がある。

口（くち）
とがった歯（は）が1〜2列（れつ）ならぶ。

白亜紀（はくあき）の終（お）わり（約（やく）6500万年前（まんねんまえ））までに絶滅（ぜつめつ）してしまったと思（おも）われていたが、1938年（ねん）に南（みなみ）アフリカで発見（はっけん）され、「生（い）きた化石（かせき）」と呼（よ）ばれるようになった。手足（てあし）のようなぶあついひれを持（も）ち、まるで歩（ある）くように泳（およ）ぐ。

生息地（せいそくち）
インド洋（よう）など

大（おお）きさ
全長（ぜんちょう）1〜2m

0m

4000m

8000m

生息水深
50〜900m

卵ではなくメスのお腹の中で胎児の形で成長する。大きなメスのお腹の中に、全長30〜40㎝の胎児が26匹も入っていたことがある。

透明な血液（とうめい けつえき）をもつ魚（さかな）

# スイショウウオ

学名（がくめい） | *Chaenocephalus aceratus*

**不思議度（ふしぎど）** ●●●●○

**凶暴度（きょうぼうど）** ●●○○○

**レア度（ど）** ●●●●○

**移動力（いどうりょく）** ●●○○○

**0m**

**エラ**
魚（さかな）のエラはふつう鮮（あざ）やかな赤色（あかいろ）だが、この魚（さかな）の血（ち）には赤（あか）い色素（しき）がないので、エラはクリーム色（いろ）をしている。

**体表（たいひょう）**
うろこはなく、体（からだ）の表面（ひょうめん）からも水中（すいちゅう）の酸素（さんそ）を取（と）りこんでいる。

**4000m**

**8000m**

**生息水深（せいそくすいしん）**
**5〜770m**

**生息地（せいそくち）**
南極周辺（なんきょくしゅうへん）の深海（しんかい）

**大きさ（おおきさ）**
全長（ぜんちょう） 50㎝

南極（なんきょく）の冷（つめ）たい海（うみ）でくらすスイショウウオには、透明（とうめい）な血液（けつえき）が流（なが）れている。血液（けつえき）には特殊（とくしゅ）なタンパク質（しつ）がふくまれていて、水温（すいおん）が低（ひく）くても血液（けつえき）が凍（こお）らないようになっている。

136

**魚類**（ぎょるい）

えものをまる飲みする鬼坊主（おにぼうず）

# オニボウズギス

学名（がくめい） | *Chiasmodon niger*

不思議度（ふしぎど）●●●○
凶暴度（きょうぼうど）●●●○
レア度（ど）○●●○
移動力（いどうりょく）●●

0m

水温（すいおん）が低い深海（しんかい）では消化（しょうか）はゆっくりと行われる。大きなえものを飲みこんだあとは、完全（かんぜん）に消化（しょうか）されるまで何か月（なんげつ）もかかるという。

**消化**（しょうか）

**体**（からだ）
表面（りょうめん）は黒（くろ）くてやや細長（ほそなが）く、うろこがない。

4000m

8000m

**あご**
両（りょう）あごには大（おお）きくて長（なが）いキバがならぶ。歯（は）は内側（うちがわ）にたおれるしくみになっている。

**生息水深**（せいそくすいしん）
200〜1000m

**生息地**（せいそくち）
全世界（ぜんせかい）の深海（しんかい）

**大きさ**（おおきさ）
全長（ぜんちょう）10〜30cm

大きな口（くち）とするどい歯（は）でえものをとらえる。胃（い）がとても丈夫（じょうぶ）で大きくふくらむので、自分（じぶん）より何倍（なんばい）も大（おお）きいえものでも飲（の）みこめる。食べたえものが大（おお）きければ、数（すう）か月（げつ）なにも食（た）べなくても生きのびることができる。

大きな口でなんでも食べる

# ミズウオ

学名 | *Alepisaurus ferox*

**背びれ**
長く大きいひれを立たせて泳ぐこともある。

**あご**
大きな口の両あごには、長くするどい歯がならぶ。

歯

**体**
体がやわらかく水っぽいことから、ミズウオという名前がついた。

自分の口に入る大きさのえものならなんでも食べる。その胃の中からはさまざまな深海生物が見つかっていて、1匹の胃の中から平均20種の生物が見つかっている。ときには新種の深海魚が発見されることもある。

**生息地**
全世界の深海

**大きさ**
全長 最大2.1m

0m

4000m

8000m

生息水深
0〜
1830m

浅い海にあがってくることもあり、胃の中から
はプラスチックなど人間が捨てたものが出てく
ることもある。ミズウオの胃の中身から、深海
がこれらのゴミで汚されていることがわかる。

139

魚類

口からはみ出すほどのキバ

# オオヨコエソ

学名 | *Sigmops elongatus*

不思議度 ●●●○○
凶暴度 ●●●○○
レア度 ●●○○○
移動力 ●●●○○

0m

体
小さな時代はオスとして生殖に参加し、体が大きくなったらメスになって栄養をたくわえた卵をつくる。

体表
体全体に小さな発光器がある。

4000m

無数のとがった歯が口からはみだしている。

口

8000m

生息水深

250〜
1200m

生息地
全世界の深海

大きさ
全長 約20cm

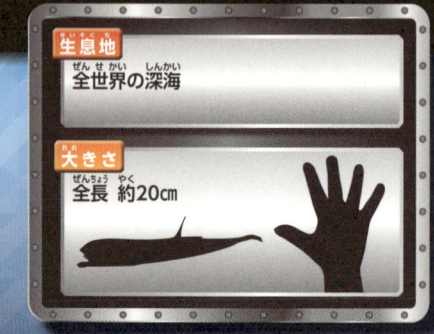

オオヨコエソをはじめとするヨコエソ科の仲間は、オスからメスに性転換をする。ヨコエソの場合、およそ7cmまではオスとして成長し、その後9cm以上の大きさになるとすべてメスとなる。

140

# ザラビクニン

学名 | *Careproctus trachysoma*

不思議度 ●●●
凶暴度 ●●
レア度 ●●●
移動力 ●●

0m

**体** やわらかく、水からあげると体形がくずれてしまう。

4000m

8000m

**胸びれ** 糸のようにのびている。これを通じて深海の様子をさぐる。

生息水深 147〜785m

**生息地** 日本海、オホーツク海

**大きさ** 全長 31cm

体はコンニャクのようにぶよぶよしているが、表面はザラっとした手触りがある。胸びれの先端やくちびるの下に、味を感じる「味蕾」という部分があり、暗闇の深海でそれをたよりにえものを探す。

魚類

とにかくぬるぬるするウナギ

# ヌタウナギ

学名 | *Eptatretus burgeri*

不思議度 ●●●○
凶暴度 ●●
レア度 ●●●○
移動力 ●●

0m

ヌタは、人間の力でもかんたんに切れないほどねばりが強い。ナイロンの10倍も強いとする研究結果もある。

口
舌の上にならんだのこぎりのような歯で、えものの肉をけずりとって食べる。

4000m

8000m

生息水深
0〜740m

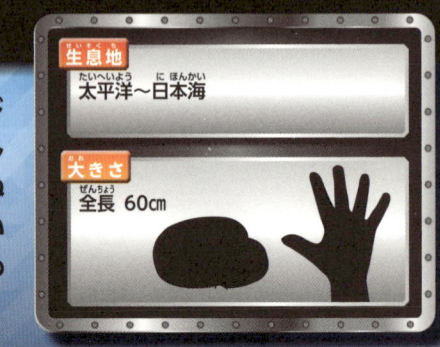

生息地
太平洋〜日本海

大きさ
全長 60㎝

敵におそわれると、体のわきからドロドロした粘液（ヌタ）を大量に出して体をおおい、身を守る。ヌタのねばりは強烈で、ヌタウナギに食らいついた魚が、ヌルヌルして飲みこめずにヌタウナギをはき出すほどだ。

142

魚類

死体を食べに集まるアナゴ

学名 | *Simenchelys parasitica*

# コンゴウアナゴ

不思議度 ●●●
凶暴度 ●●
レア度 ●●●
移動力 ●●●

顔
目や口はとても小さく、口の中には石のような歯が1列にならんでいる。

0m

4000m

8000m

生息水深
136〜2620m

生息地
全世界の深海

大きさ
全長 60cm

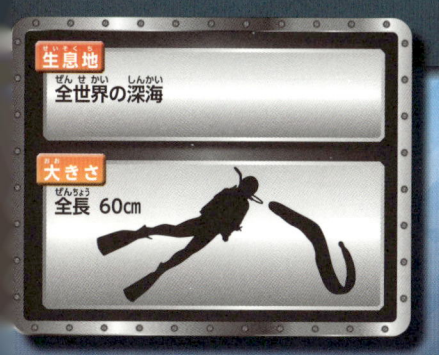

魚やクジラなどの腐った肉が好物で、死体にもぐりこんでむさぼり食う。死体を食べるので「海の掃除屋」とも呼ばれる。相模湾に沈んだクジラの死体は、このアナゴの大群に約5か月で食べつくされた。

クジラの骨に集まってくる

学名 | *Asymmetron inferum*

# ゲイコツナメクジウオ

不思議度 ●●●○
凶暴度 ○
レア度 ●●●○
移動力 ○

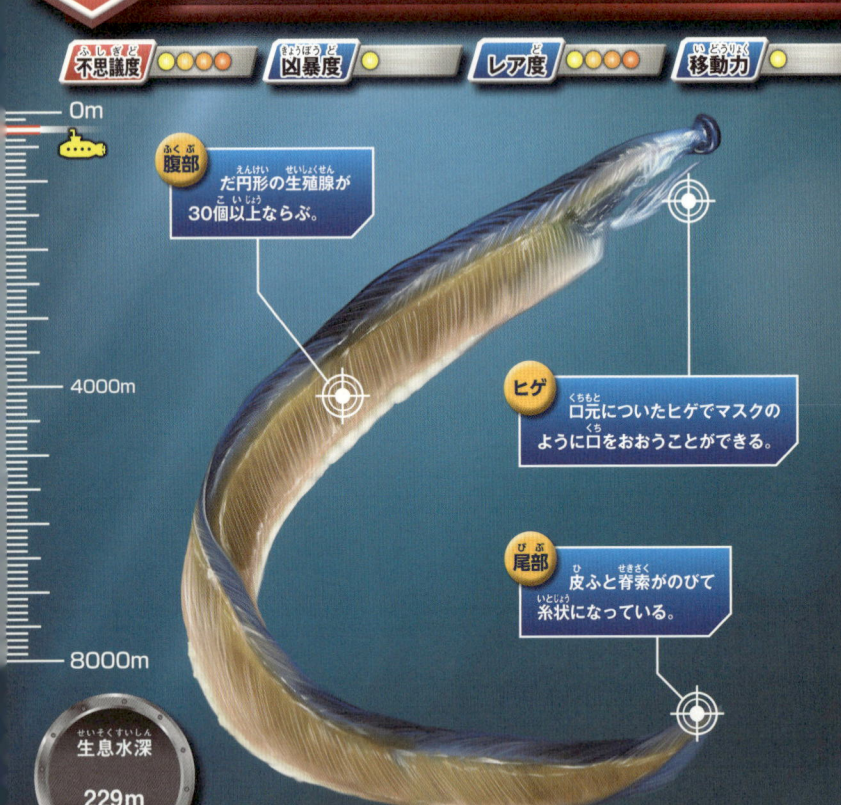

0m

腹部
だ円形の生殖腺が
30個以上ならぶ。

ヒゲ
口元についたヒゲでマスクの
ように口をおおうことができる。

4000m

尾部
皮ふと脊索がのびて
糸状になっている。

8000m

生息水深
229m

マッコウクジラの死体や骨の中から大量に発見されたため「ゲイコツ（鯨骨）」という名前がついた。微生物により分解されて腐っていくクジラのまわりだけに生息しており、そのほかの場所での発見例はない。

生息地
東シナ海（クジラの死体周辺）

大きさ
全長 15mm

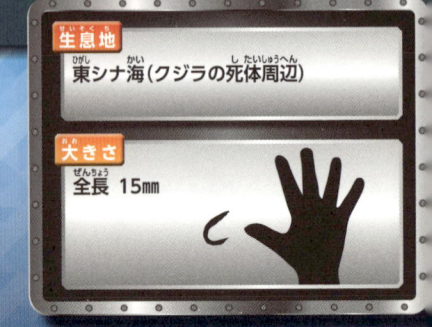

144

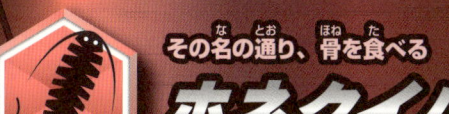

その名の通り、骨を食べる

学名 | Osedax japonicus

# ホネクイハナムシ

不思議度 ●●●
凶暴度 ●
レア度 ●●●
移動力 ●

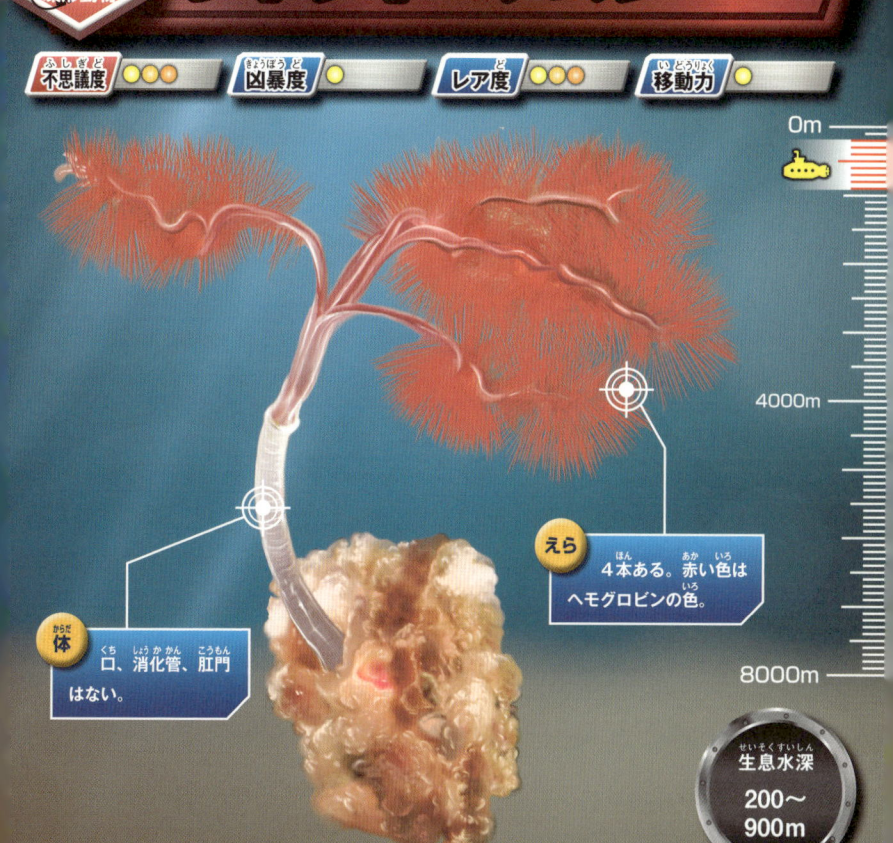

0m

4000m

8000m

**えら**
4本ある。赤い色は
ヘモグロビンの色。

**体**
口、消化管、肛門
はない。

生息水深
200〜
900m

**生息地**
東シナ海（クジラの死体周辺）

**大きさ**
全長 9㎜

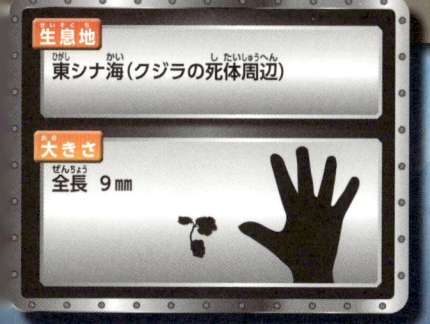

深海に沈んだクジラの骨の表面に生息する、ゴカイの仲間。管から出ている触手のようなものはえらで、下半身は骨の中に埋まっている。下半身に共生している微生物が骨を溶かし、そこから栄養を取りこんでいる。

145

**尾索動物**

とぼけた顔して大口をひらく

# オオグチボヤ

学名 | *Megalodicopia hians*

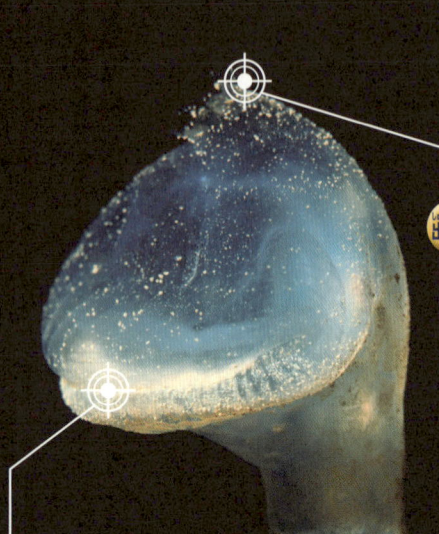

**出水孔**
体の一番上にある。入水孔から入った水をここから出す。

**入水孔**
小さなエビなどのえものが入ると、逃がさないように口（入水孔）を閉じる。

水の流れに向かって大きく口（入水孔）を開け、流れこんでくるプランクトンなどをこしとって食べている。自分からえものをさがすのではなく、自然と口に入ってくるのを待つ省エネ生活をおくっているのだ。

**生息地**
大西洋北部の深海（中央海嶺）

**大きさ**
全長 15〜25cm

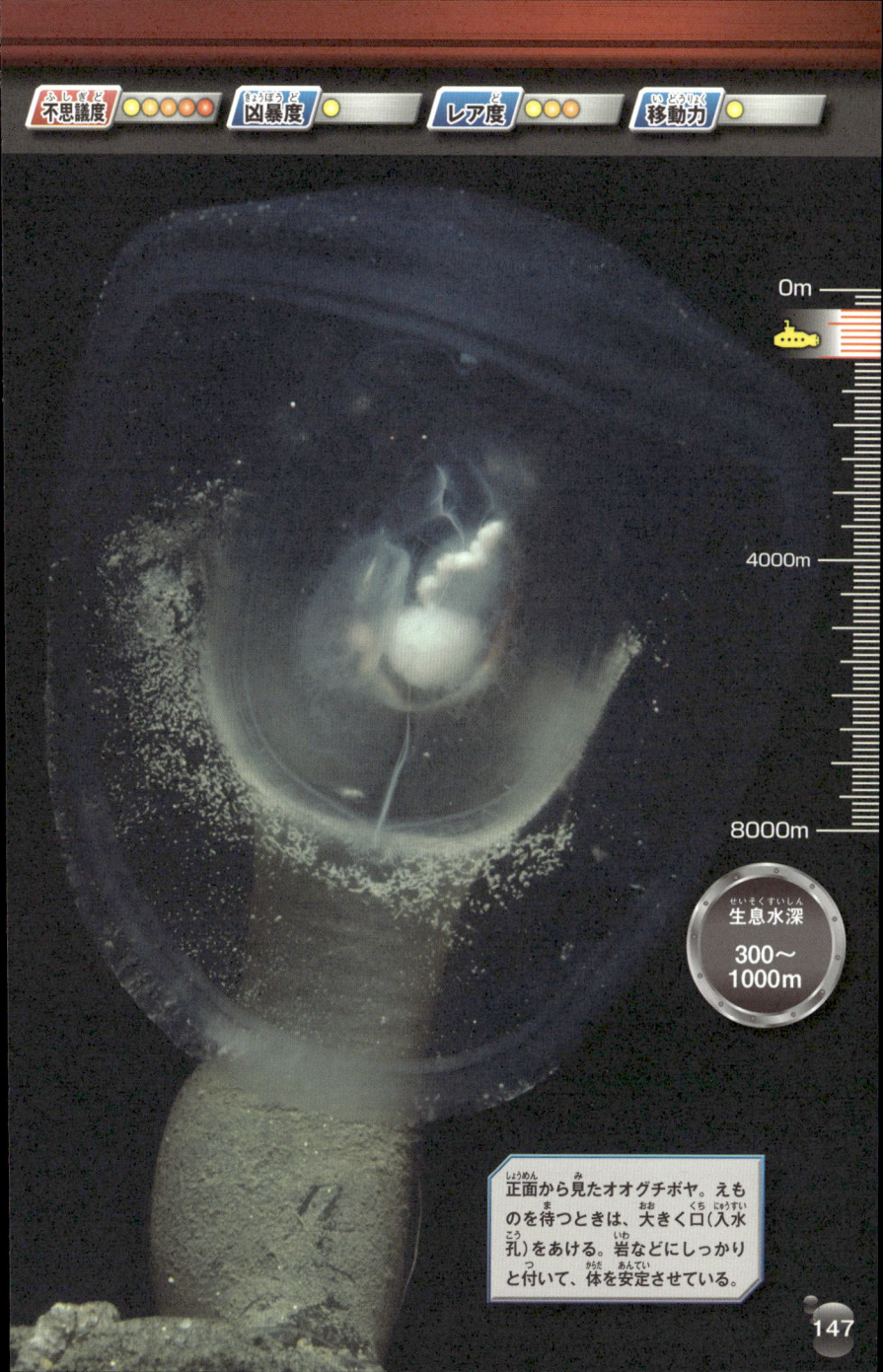

0m

4000m

8000m

生息水深

300〜
1000m

正面から見たオオグチボヤ。えものを待つときは、大きく口（入水孔）をあける。岩などにしっかりと付いて、体を安定させている。

からを飛び出すとまるでエイリアン!?

# オウムガイ

学名 | *Nautilus pompilius*

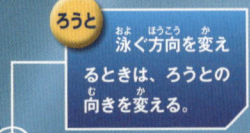

**ろうと**
泳ぐ方向を変えるときは、ろうととの向きを変える。

**目**
レンズはなく、中央に小さな穴が開いていて、ピンホールカメラのような機能をもつ。

**から**
からの中にはガスが入っていて、これを利用して浮いたり沈んだりすると考えられている。

からの中はいくつもの部屋にわかれている。いちばん大きい部屋に体がおさまっていて、ほかの部屋にガスと液体が入っている。

巻き貝のようなからにつつまれているが、実はイカやタコと同じ「頭足類」の仲間だ。泳ぎ方もイカやタコに似ていて、口から取りこんだ海水を、ろうとから勢いよく吹き出して泳ぐ。

**生息地**
インド洋など

**大きさ**
全長
20〜25cm

触手は、オスで60本、メスで90本もある。からの中から体を出したときのすがたはエイリアンのような見た目だ。

0m

4000m

8000m

生息水深
0〜400m

149

軟体動物

光るスミをはく小さなイカ

# ヒカリダンゴイカ

学名 | Heteroteuthis dispar

| 不思議度 ●●●○ | 凶暴度 ●●○ | レア度 ●●●○ | 移動力 ●●●○ |

0m

4000m

8000m

生息水深
750〜
1150m

**外套**
外套の内側に発光細菌
を共生させている。スミが
光るのはこの発光細菌のお
かげ。ふだんはその光が外
にもれないようにスミ袋で
おおっている。

**腕**
腕はとても
みじかい。

ふつうのイカは敵におそわれるとス
ミをはいて逃げるが、暗闇の深海で
は黒いスミをはいても意味がない。
ヒカリダンゴイカはスミに発光物質
をまぜて「光るスミ」をはいて、相手
が気をとられているうちに逃げる。

**生息地**
キューバ近海など

**大きさ**
外套長 2cm

すけすけの体（からだ）をもつタコ

# スカシダコ

学名（がくめい） | *Vitreledonella richardi*

| 不思議度（ふしぎど） | 凶暴度（きょうぼうど） | レア度（ど） | 移動力（いどうりょく） |
| --- | --- | --- | --- |
| ●●●● | ●● | ●●●● | ●●● |

**消化管（しょうかかん）**
消化管（しょうかかん）は透明（とうめい）ではないので、わずかな太陽光（たいようこう）によってかげができてしまう。海中（かいちゅう）ではいつも体（からだ）を縦（たて）の姿勢（しせい）に保（たも）ちながらただよい、かげをなるべく小（ちい）さくしている。

0m

4000m

8000m

**大（おお）きさ**
4cmほどの個体（こたい）が多（おお）いが、45cmのメスの個体（こたい）が発見（はっけん）された記録（きろく）もある。

**生息水深（せいそくすいしん）**
200〜2000m

**生息地（せいそくち）**
太平洋（たいへいよう）、インド洋（よう）

**大（おお）きさ**
外套長（がいとうちょう） 最大（さいだい）45cm

「ガラスダコ」とも呼（よ）ばれる透明（とうめい）なタコ。小（ちい）さく弱（よわ）よわしい体（からだ）で、ほかの深海生物（しんかいせいぶつ）の絶好（ぜっこう）のえものになりそうだが、体（からだ）が透明（とうめい）なので敵（てき）に見（み）つかりにくい。また、なるべく内臓（ないぞう）のかげができないよう、体（からだ）を縦（たて）にして泳（およ）ぐ。

151

おどろきの吸血鬼ダコ

# コウモリダコ

学名 | *Vampyroteuthis infernalis*

**腕**
8本の腕には、吸ばんととげのような触毛がならぶ。

細い触手をもち、先端から粘液を分泌して、マリンスノーを集める。

**体**
小粒状の発光器が散らばる。

**生息地**
全世界の深海

**大きさ**
全長 15cm

タコの祖先に近い生物で、「生きた化石」と言われる。腕にはとげがあり、いかにも恐ろしげな姿から「吸血鬼イカ」とも呼ばれるが、実際には強暴ではなく、えものを追いかけておそうようなことはしない。

0m

4000m

8000m

**生息水深**

1000〜
2000m

危険を感じると、8本の腕を膜ごと裏返して体全体をつつみこみ、トゲトゲのボールのような姿になって身を守る。

ヒゲがついたうでをもつ

# ヒゲナガダコ

| 学名 | *Cirrothauma murrayi* |
|---|---|

**不思議度** ●●●
**凶暴度** ●●●
**レア度** ●●●
**移動力** ●●●

0m

4000m

8000m

**腕** 中央に、約40〜60個の吸ばんが1列にならび、その両脇に長い触毛がならぶ。

**触毛** 目がよくないので、触毛をつかって敵やえものの気配を察知していると考えられている。

**生息水深**
**2500〜4200m**

**生息地**
太平洋〜大西洋
（日本近海、カリブ海など）

**大きさ**
全長 1m

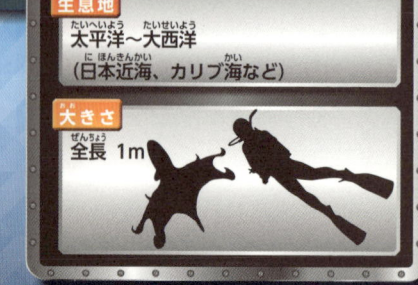

目が退化しており、イカやタコの仲間でゆいいつ視力をもたない。そのかわり、腕にあるヒゲのような長い触毛で、まわりの気配をびんかんに感じとるようだ。頭部の大きなひれをオールのようにつかって泳ぐ。

深海底（しんかいてい）をはいまわる謎（なぞ）の生物（せいぶつ）

# ギボシムシ

学名（がくめい） | *Yoda purpurata*

不思議度（ふしぎど）●●● 凶暴度（きょうぼうど）● レア度（ど）●●●●● 移動力（いどうりょく）●

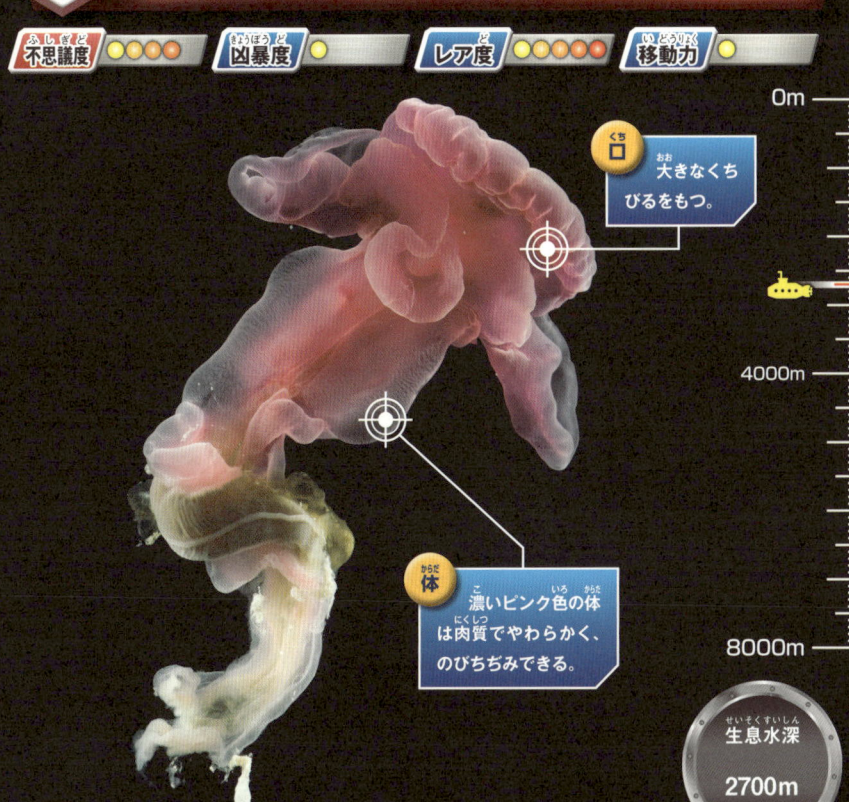

0m

口（くち）
大（おお）きなくちびるをもつ。

4000m

体（からだ）
濃（こ）いピンク色（いろ）の体（からだ）は肉質（にくしつ）でやわらかく、のびちぢみできる。

8000m

生息水深（せいそくすいしん）
2700m

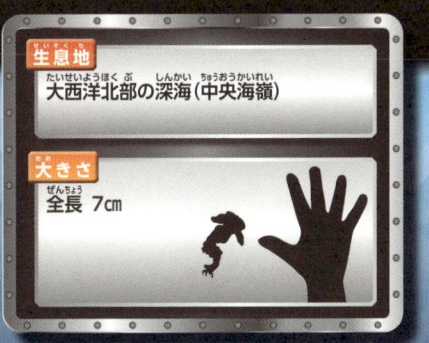

生息地（せいそくち）
大西洋北部（たいせいようほくぶ）の深海（しんかい）（中央海嶺（ちゅうおうかいれい））

大（おお）きさ
全長（ぜんちょう） 7cm

写真（しゃしん）は2011年（ねん）に水深（すいしん）2700mで見（み）つかった新種（しんしゅ）のギボシムシ。ギボシムシ類（るい）は海底（かいてい）に巣（す）をほり、砂（すな）や泥（どろ）を食（た）べて生（い）きるが、このギボシムシはとても大（おお）きなくちびるを活（い）かしてたくみにえものをとらえるらしい。

節定動物

深海の巨大ダンゴムシ

# ダイオウグソクムシ

学名 | *Bathynomus giganteus*

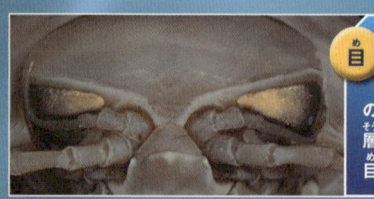

**目** 三角形の目は、エビやカニなどの甲殻類の仲間でも最大級。目の奥にある「タペータム」という反射層に光が反射して、正面から見ると目がかがやいているように見える。

**甲ら** 細長く固い甲らが、背中に7枚、胸に6枚ならぶ。

陸上の石の下などにいるダンゴムシの仲間で、その中では最大の種。死んだ動物の体などを食べているが、水族館で飼育されていた個体では、5年間以上もなにも食べないで生き続けたという記録がある。

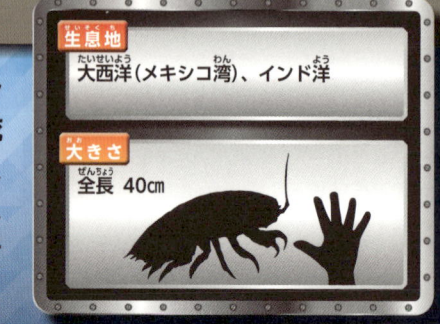

**生息地** 大西洋(メキシコ湾)、インド洋

**大きさ** 全長 40㎝

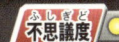

7対の「歩脚」で海底を歩く。また、腹部
についた5対のひれのような「遊泳脚」を
つかって、背泳ぎをすることもできる。

## ダイオウグソクムシ

0m

4000m

8000m

生息水深

200〜
2000m

## オオグソクムシ

ダイオウグソクムシより
も小さく、全長は10cm
ほど。体が細長い。

タルを使った便利な深海生活

# オオタルマワシ

| 学名 | *Phronima sedentaria* |

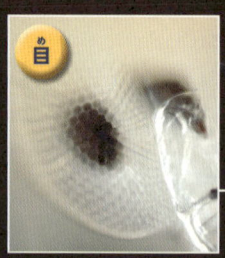

**目**

大きく発達した透明な目は、陸上の昆虫のような「複眼」になっている。

**はさみ**

あしの先端にはさみがあり、クラゲなどの体をけずり取る。

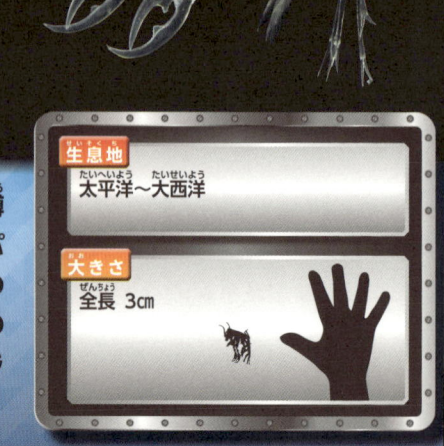

メスのオオタルマワシは、透明な樽といっしょに生活する。樽はサルパなど、ゼラチン質の体をもつ生物の中身を食べて空にしたものだ。樽の中に卵を産んで育て、子どもにクラゲなどをとらえてあたえる。

**生息地**
太平洋〜大西洋

**大きさ**
全長 3cm

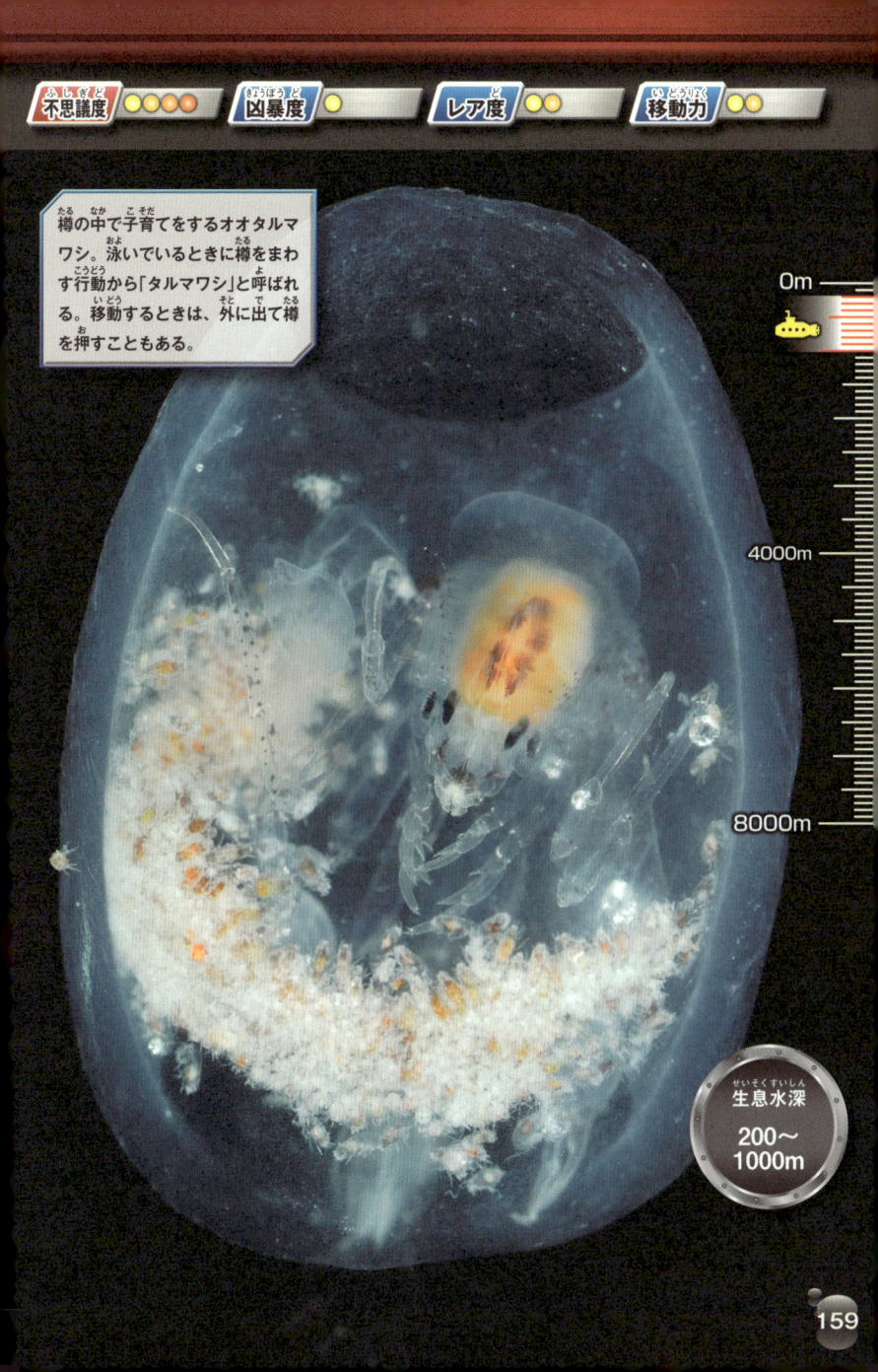

樽の中で子育てをするオオタルマワシ。泳いでいるときに樽をまわす行動から「タルマワシ」と呼ばれる。移動するときは、外に出て樽を押すこともある。

0m

4000m

8000m

生息水深

200〜
1000m

159

エビとなかよくくらすカイメン

学名 | *Euplectella aspergillum*

# カイロウドウケツ

**体** 細くて白いガラス繊維質でできている。1本1本がかなり丈夫で、かんたんにはちぎれない。通信につかわれる「光ファイバー」と同じ構造をもっている。

細いガラス繊維で編みあげたかごのような体をしているため、「ヴィーナスの花かご」「ガラス海綿」とも呼ばれている。かご状の体の中には、全長2cmほどの小さなエビの夫婦が暮らしていることが多い。

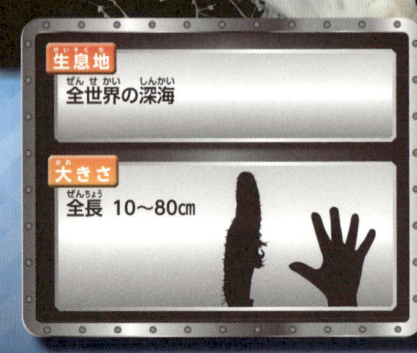

**生息地** 全世界の深海

**大きさ** 全長 10〜80cm

### ドウケツカクレエビ

カイロウドウケツの中に暮らしているドウケツカクレエビの仲間。「偕老同穴」とは、夫婦がなかよく老いて、最後には同じ穴（墓）に入る、という意味の言葉。

0m

4000m

8000m

生息水深

100〜
3000m

カイロウドウケツの体の頂上部は閉じられているようだが、この中で生活するエビは外と中をうまく行き来しているらしい。

見るからにトゲトゲしい深海ガニ

# イガグリガニ

学名 | *Paralomis hystrix*

| 不思議度 ●●○ | 凶暴度 ●●○ | レア度 ●●○ | 移動力 ●●○ |

0m

**体** 全身がとげでおおわれている。カニの仲間は左右対象の三角形だが、イガグリガニは左右のゆがみが大きい。

4000m

8000m

**あし** カニと同じように10本あるが、一番下の1対のあしは小さく、甲らの中にかくれている。

**生息水深** 180〜600m

甲らもあしも、全身がするどいとげでおおわれている。甲らは丸く盛り上がった形で、あしを縮めたときの姿は栗のイガにそっくりだ。名前にカニとついているが、ヤドカリの仲間に分類される。

**生息地** 日本近海

**大きさ** 甲らの長さ 13cm

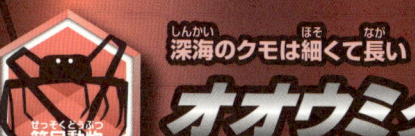

節足動物

深海のクモは細くて長い

# オオウミグモ

学名 | *Colossendeis colossea*

不思議度 ●●● 凶暴度 ●● レア度 ●●●● 移動力 ●●●

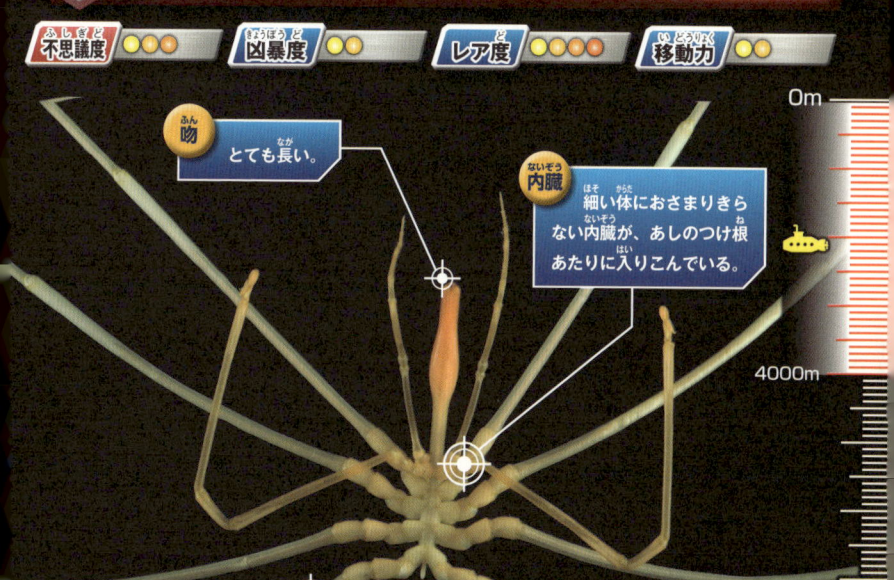

0m

吻
とても長い。

内臓
細い体におさまりきらない内臓が、あしのつけ根あたりに入りこんでいる。

4000m

8000m

体表
えらのような器官がなく、体表から酸素を取りこむ。

写真は Colossendeis sp.

生息水深
20〜
4000m

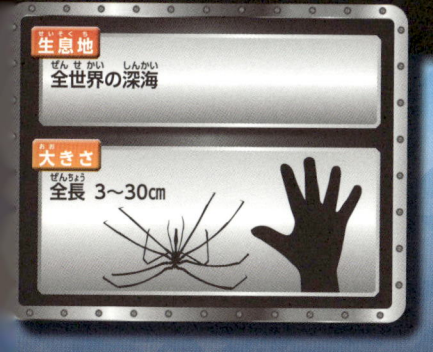

生息地
全世界の深海

大きさ
全長 3〜30cm

小さな胴体から長くのびた4対のあしなど、体つきは陸上のクモとよく似ている。頭部に長い吻があるのが特ちょう。浅い海にすむウミグモは小さいものが多いが、深海には巨大なウミグモが多い。

棘皮動物

どこまでも枝分かれするうで

# オキノテヅルモヅル

学名 | *Gorgonocephalus eucnemis*

不思議度 ●●●○ 　凶暴度 ● 　レア度 ●●○ 　移動力 ●

0m

**腕**
10回ほど枝分かれをする。トカゲのしっぽのように、刺激をあたえると自分から切ることがある。

4000m

8000m

**盤**
五角形で、表面に小さなとげがある。

生息水深
16〜
1000m

ウニの仲間に近い深海生物。5本の腕は枝分かれをくりかえして、複雑な植物の根のようになっている。この腕を大きく広げて、流れてくる小さなえものを引っかけてとらえ、口に運んで食べる。

生息地
北極周辺の深海、日本近海

大きさ
盤の直径
約12cm

 学名 | *Enypniastes eximia*

不思議度 ●●●　　凶暴度 ●　　レア度 ●●●　　移動力 ●●●

**口**
口のまわりに20本の触手がある。これをたくみに使って泳いだりはねたりする。

**体**
体はもろく、陸にあげるとボロボロになってしまう。皮ふはうすく透けていて内臓が見える。

0m

4000m

8000m

**生息水深**

**300～6000m**

**生息地**
太平洋

**大きさ**
全長 20cm

ナマコといえば海底をもぞもぞ動く種が多いが、ユメナマコは体の前後にあるいぼ足を帆のように使ってゆったりと泳ぐ。着地するときは、帆をパラシュートのように広げてゆっくり降りる。

165

# クマナマコ

棘皮動物

学名 | *Peniagone dubia*

**体**
細長くゼリーのような透明の体。種を見分けるには、体内の小さな骨を顕微鏡で観察する。

**口**
口のまわりの触手をつかって海底の泥を集める。

写真は *Peniagone sp.*

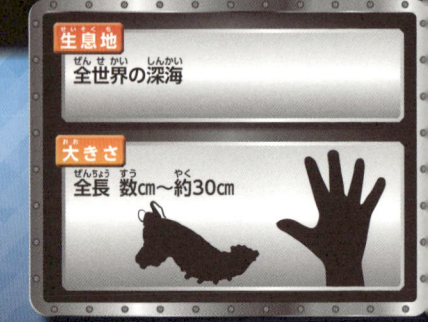

**生息地**
全世界の深海

**大きさ**
全長 数cm〜約30cm

クマナマコの仲間は水深数千mの深海に生息しているものが多い。背中のいぼ足は種によって形に特ちょうがあり、牛の角のようなものや糸状に長くのびたものなど、さまざまである。

クマナマコの姿を下からのぞくと、腹側のいぼ足や触手がよく見える。色、形、大きさは種によってさまざまだ。

0m

4000m

8000m

生息水深
200〜
8210m

有櫛動物（ゆうしつどうぶつ）

ぱっくりひらいてなんでも食べる

# ウリクラゲ

学名（がくめい） | *Beroe cucumis*

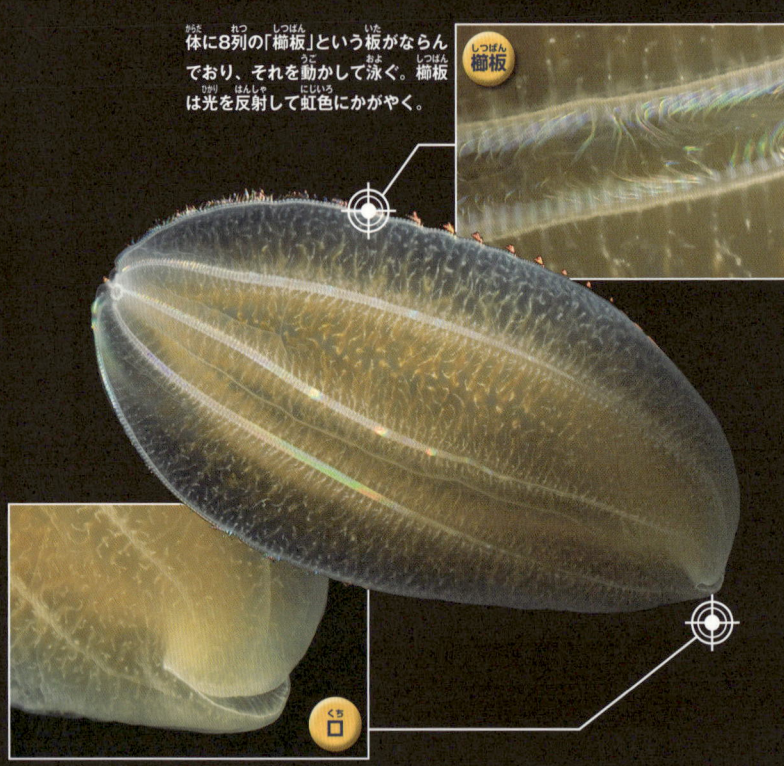

体に8列の「櫛板」という板がならんでおり、それを動かして泳ぐ。櫛板は光を反射して虹色にかがやく。

櫛板（しつばん）

口（くち）

えものを取る触手がないかわりに、大きな口でほかのクラゲをまる飲みにする。

その名のとおり、体が瓜のような形で触手がない。北海道や東北地方では、春に海面近くでも見られることがある。食べ物が不足しているときは体をちぢませるなど、環境の変化によって体の大きさを変える。

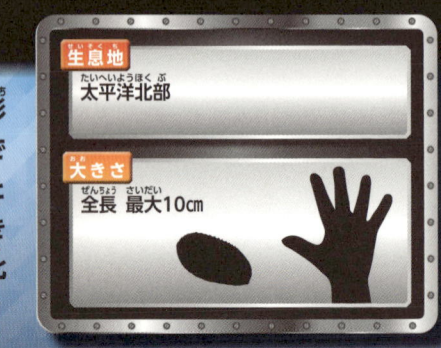

| 生息地（せいそくち） |
| --- |
| 太平洋北部（たいへいようほくぶ） |

| 大きさ（おおきさ） |
| --- |
| 全長（ぜんちょう） 最大（さいだい）10cm |

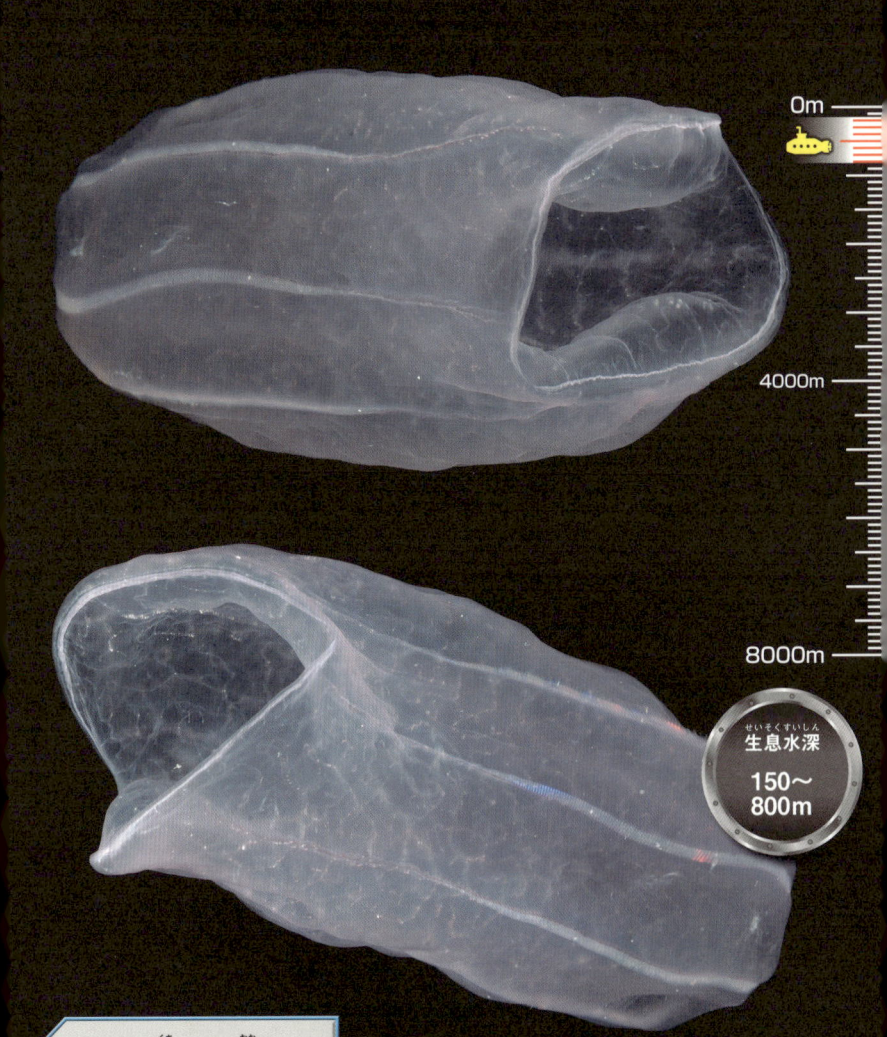

0m

4000m

8000m

生息水深
150〜
800m

ウリクラゲは口がとても大きく、ときにはほかのウリクラゲをまるごと吸いこんで食べることもある。

# 深海生物

個性ゆたかな深海生物たちをいろんなランキングにしてみました！　きみのお気に入りの生き物はどれかな？

## 深海「そっくり」ランキング

 1 カリフォルニアシラタマイカ

 2 ゾウギンザメ ▶P78

 3 アカチョウチンクラゲ

 4 ボウエンギョ ▶P84

5 オトヒメノハナガサ ▶P43

深海生物の中には、ほかの動物や植物などにそっくりな特ちょうをもつものがたくさんいる。1 真っ赤な体に黒い粒のような発光器がいくつもならび、まるでイチゴのようなカリフォルニアシラタマイカ。2 象の鼻のように長い「吻」をもつゾウギンザメ。3 赤い傘をちょうちんのように折りたたんだりのばしたりして泳ぐ、アカチョウチンクラゲ。4 望遠鏡そっくりの長い目をもつボウエンギョ。5 まるで野に咲く花のようなオトヒメノハナガサ。

1 カリフォルニアシラタマイカ

イチゴにそっくり！

はっこうき 発光器

2 ゾウギンザメ

象の鼻にそっくり！

ふん 吻

3 アカチョウチンクラゲ

ちょうちんにそっくり！

あか かさ 赤い傘

### 1 キワ・ヒルスタ
### 2 ヒレナガチョウチンアンコウ
### 3 アルビンガイ ▶P126

海の生き物とは思えないほど毛だらけの深海生物もいる。1 2005年に発見されたキワ・ヒルスタ。あしと大きなはさみがふさふさの毛でおおわれている。2 ひれをささえるすじが細長くのび、まるで毛のようになっているヒレナガチョウチンアンコウ。3 からの表面が短い毛でびっしりとおおわれているアルビンガイ。

1 キワ・ヒルスタ

2 ヒレナガチョウチンアンコウ

### 1 ハッポウクラゲ ▶P102
### 2 メンダコ ▶P96
### 3 フサトゲニチリンヒトデ

暗くて酸素の少ない深海はまるで宇宙のようで、そこにはUFOっぽい深海生物もいる!? 1 丸い体と細い腕がなんともUFOらしいハッポウクラゲ。2 空飛ぶ円盤のような姿で泳ぐメンダコ。3 約10本の腕をもつ、宇宙船のようなフサトゲニチリンヒトデ。

1 ハッポウクラゲ

2 メンダコ

3 フサトゲニチリンヒトデ

# さくいん

生物は、体の特ちょうによってさまざまなグループに分類されます。
この本で紹介された深海生物は、下のようなグループに分けられています。
どういう生物同士が近い関係にあるか、注目してみましょう。

**魚類**
サメ、イワシ、
アンコウなど

**ほ乳類**
クジラなど

**軟体動物**
イカ、タコ、
貝など

**環形動物**
ウロコムシ、
ゴカイなど

**節足動物**
カニ、エビ、
ウミグモなど

**海綿動物**
カイロウドウ
ケツなど

**棘皮動物**
ウニ、ナマコ、
ヒトデなど

**有櫛動物**
クダクラゲ
など

**刺胞動物**
イソギンチャク、
クラゲなど

**半索動物**
ギボシムシ
など

**尾索動物**
サルパ、ホヤ
など

**頭索動物**
ナメクジウオ
など

監修者紹介　**新宅広二**

1968年生まれ。生態科学研究機構・理事長。専門は動物行動学。上智大学大学院修了後、多摩動物園、上野動物園に勤務。ほ乳類、鳥類、は虫類、両生類、昆虫などの約400種類の野生動物の生態知識や飼育方法を習得。監修業では科学番組や動物バラエティなどの企画・出演がこれまで300作品以上ある。世界最高峰のネイチャードキュメンタリー映画・英国BBCの『ネイチャー』日本語版(2014)の総監修、映画『アマゾンの大冒険』(2015)の監修をつとめ、自然体験型ミュージアム Orbi YOKOHAMA の監修・プロデュースも手がける。
姉妹巻：『危険生物 最恐図鑑』『ブキミ生物 絶叫図鑑』
Twitter：Koji_Shintaku

| | |
|---|---|
| イラスト | 岩崎政志(1〜5章、P108) |
| | 松島浩一郎(P94 ジュウモンジダコ) |
| 執筆 | 新野大 |
| 装幀 | 高垣智彦(かわうそ部長) |
| 本文デザイン | クリエイティブセンター広研 |
| 編集・DTP | オフィス303 |
| 写真提供 | 特別協力 アマナイメージズ |
| | アフロ、ゲッティイメージズ、シーピックス |
| | 魚津水族館(P8、P20)、島根県隠岐支庁水産局(P113)、 |
| | 沼津港深海水族館(P37、P63、P96) |

## 深海生物 最驚図鑑

| | | | |
|---|---|---|---|
| 監修 | 新宅広二 | 印刷 | 横山印刷 |
| イラスト | 岩崎政志　松島浩一郎 | 製本 | ダイワビーツー |
| 発行者 | 永岡純一 | | |
| 発行所 | 株式会社永岡書店 | | |

〒176-8518　東京都練馬区豊玉上1-7-14　　ISBN978-4-522-43428-4 C8045
電話　03-3992-5155(代表)
　　　03-3992-7191(編集)